AF893249

50 wegweisende Hightech-Patente

Thomas Heinz Meitinger

50 wegweisende Hightech-Patente

Vom Telegraf und Penicillin über LCD, Jets und Klonschaf hin zu MRT, KI und humanoiden Robotern

Springer Vieweg

Thomas Heinz Meitinger
Meitinger Patentanwalts GmbH
München, Deutschland

ISBN 978-3-662-73666-1 ISBN 978-3-662-73667-8 (eBook)
https://doi.org/10.1007/978-3-662-73667-8

Die Deutsche Nationalbibliothek verzeichnet diese Publikation in der Deutschen Nationalbibliografie; detaillierte bibliografische Daten sind im Internet über https://portal.dnb.de abrufbar.

Springer Vieweg ist ein Imprint der eingetragenen Gesellschaft Springer-Verlag GmbH, DE und ist ein Teil von Springer Nature.
Die Anschrift der Gesellschaft ist: Heidelberger Platz 3, 14197 Berlin, Germany

Vorwort

Wegweisende Patente haben zu ihrer Zeit die Richtung der technischen Entwicklung vorgegeben. Diese Patente stellen in aller Regel technologische Durchbrüche dar. Im Nachhinein mag die patentgeschützte Erfindung sogar banal erscheinen, zu ihrer Zeit war sie bahnbrechend. Anhand der wegweisenden Patente lässt sich die Entwicklung unserer Technologie besser verstehen.

Technologische Entwicklungen bedingen und befördern sich gegenseitig. Die Entwicklung der Dampfmaschine ermöglichte Kollektivverkehr durch Züge. Die Steigerung des Wirkungsgrads führte zu kleinen und leistungsfähigen Motoren für den Individualverkehr mit Automobilen. Die Entwicklung der Elektronik ebnete den Weg für leistungsfähige Computer. Die Computer wurden zu lokalen Netzwerken zusammengefasst und die lokalen Netzwerke bilden heute das globale Internet.

In der Vergangenheit hat das Telefon von Alexander Graham Bell und die Hubschrauber von Igor Sikorski die Welt verändert. Künstliche Intelligenz, Quantencomputer und humanoide Roboter werden unsere Zukunft bestimmen. Diese technischen Erfindungen befruchten sich gegenseitig. Quantencomputer werden die Rechenleistung der Künstlichen Intelligenz enorm steigern. Künstliche Intelligenz mit hoher Rechenleistung auf kleinem Raum wird autonome Roboter ermöglichen. Die Robotik wird der Künstlichen Intelligenz den Körper schaffen, um im wahrsten Sinne des Wortes in der realen Welt aufzutreten. Vor unseren Augen entsteht in diesem Moment durch das Verschmelzen dreier Top-Technologien eine technische Revolution jenseits unserer Vorstellungskraft.

München, Deutschland
im April 2026

Thomas Heinz Meitinger

Interessenkonflikt Der Autor hat keine relevanten Interessenskonflikte im Zusammenhang mit dieser Publikation.

Inhaltsverzeichnis

Über den Autor

Dr. Thomas Heinz Meitinger ist deutscher und europäischer Patentanwalt. Er ist Geschäftsführer der Meitinger Patentanwalts GmbH. Die Meitinger Patentanwalts GmbH ist eine mittelständische Patentanwaltskanzlei in München. Nach einem Studium der Elektrotechnik in Karlsruhe arbeitete er zunächst als Entwicklungsingenieur. Spätere Stationen waren Tätigkeiten als Produktionsleiter und technischer Leiter in mittelständischen Unternehmen. Dr. Meitinger veröffentlicht regelmäßig wissenschaftliche Artikel, schreibt Fachbücher zum gewerblichen Rechtsschutz und zu technischen Themen. Außerdem hält er Vorträge zum Patent-, Gebrauchsmuster-, Marken- und Designrecht. Dr. Meitinger ist Dipl.-Ing. (Univ.) und Dipl.-Wirtsch.-Ing. (FH). Außerdem führt er folgende Mastertitel: LL.M., LL.M., MBA, MBA, M.A. und M.Sc.

Liste der Patente

Patente bis 1900				
Bezeichnung	Erfinder	Datum der Patenterteilung	Kapitel	Abschnitt
Dampfmaschine	James Watt	1769	Energie	2.1
Verbrennungsmotor	François Isaac de Rivaz	30.01.1807	Motoren	3.1
Eisenbahn	George Stephenson	1815	Mobilität	4.1
Schreibtelegraf	Samuel Morse	20.01.1840	Netzwerke	7.1
Vulkanisierung von Gummi	Charles Goodyear	15.06.1844	Mobilität	4.2
Dynamo	Werner von Siemens	1866	Energie	2.2
Telefon	Graham Bell	07.03.1876	Netzwerke	7.2
Ottomotor	Nicolaus August Otto	04.08.1877	Motoren	3.2
Automobil	Carl Benz	29.01.1886	Mobilität	4.3
Wechselstromsystem	Nikola Tesla	01.05.1888	Energie	2.3
Solarzelle	Edward Weston	04.09.1888	Energie	2.4
Lochkarte	Hermann Hollerith	08.01.1889	Computer	6.1
Dieselmotor	Rudolf Diesel	28.02.1892	Motoren	3.3
Funktelegrafie	Guglielmo Marconi	02.07.1897	Netzwerke	7.3
Aspirin	Felix Hoffmann	27.02.1900	Medizin	9.1

Patente von 1901 bis 1950				
Bezeichnung	Erfinder	Datum der Patenterteilung	Kapitel	Abschnitt
Vakuumdiode	John Ambrose Fleming	07.11.1905	Elektronik	5.1
Flugzeug	Wilbur und Orville Wright	22.05.1906	Mobilität	4.4
Ammoniaksynthese	Fritz Haber	13.10.1908	Chemie	8.1
Bakelit	Leo Baekeland	07.12.1909	Chemie	8.2
Flip-Flop	William Eccles und Frank Jordan	05.08.1920	Computer	6.2
Fernsehen	Philo Farnsworth	26.08.1930	Netzwerke	7.4
Strahltriebwerk	Sir Frank Whittle	16.04.1931	Motoren	3.4
Hubschrauber	Igor Sikorski	19.03.1935	Mobilität	4.5
Nylon	Wallace Hume Carothers	20.09.1938	Chemie	8.3
Penicillin	Andrew J. Moyer	25.05.1948	Medizin	9.2

Patente von 1951 bis 1970				
Bezeichnung	Erfinder	Datum der Patenterteilung	Kapitel	Abschnitt
Transistor	William Shockley	25.09.1951	Elektronik	5.2
Kernreaktor	Enrico Fermi und Leó Szilárd	17.05.1955	Energie	2.6
Silizium-Solarzelle	Daryl M. Chapin, Calvin S. Fuller und Gerald L. Pearson	05.02.1957	Energie	2.5
Programmierbarer Roboterarm	George C. Devol, Jr	13.06.1961	Roboter	12.1
Herzschrittmacher	Wilson Greatbatch	09.10.1962	Medizin	9.3
ENIAC	John Presper Eckert, Jr. und John W. Mauchly	04.02.1964	Computer	6.3
Festplatte	Louis D. Stevens, William A. Goddard und John J. Lynett	19.05.1964	Computer	6.5
Integrierte Schaltung	Jack St. Clair Kilby	23.06.1964	Elektronik	5.3
Perzeptron	Frank Rosenblatt	22.11.1966	Künstliche Intelligenz	11.1
Flüssigkristalldisplay	Richard Williams	30.05.1967	Elektronik	5.5
DRAM	Robert Heath Dennard	04.06.1968	Computer	6.4

Patente von 1971 bis 2000				
Bezeichnung	Erfinder	Datum der Patenterteilung	Kapitel	Abschnitt
Global Positioning System	Roger L. Easton	29.01.1974	Netzwerke	7.7
Magnetresonanztomografie	Raymond Damadian	05.02.1974	Medizin	9.4
Mikroprozessor	Marcian Edward Hoff, Jr., Stanley Manor und Federico Faggin	28.06.1974	Elektronik	5.4
Mobilfunknetz	Martin Cooper	16.09.1975	Netzwerke	7.5
Ethernet	Robert M. Metcalfe	13.12.1977	Computer	6.6
Rekombinante DNA-Technik	Stanley N. Cohen und Herbert W. Boyer	02.12.1980	Biotech	10.1
Ultraschall-Sensorsystem	Paul J. Mattaboni	20.01.1987	Roboter	12.2
Lithium-Ionen-Batterie	Akira Yoshimo und Takayuki Nakajima	26.05.1987	Energie	2.7
Polymerase-Kettenreaktion	Kary Banks Mullis	28.07.1987	Biotech	10.2
Harvard-Onco-Maus	Philip Leder und Timothy A. Stewart	12.04.1988	Biotech	10.3
Zweibeiniger Roboter	Nobuaki Ozawa	28.03.1995	Roboter	12.3
Federn zw. Motor und Last	Gill A. Pratt und Matthew M. Williamson	22.07.1997	Roboter	12.4
Klonschaf Dolly	Keith Henry Stockman Campbell und Ian Wilmut	19.01.2000	Biotech	10.4

Patente ab 2001				
Bezeichnung	Erfinder	Datum der Patenterteilung	Kapitel	Abschnitt
PageRank	Larry Page	04.09.2001	Künstliche Intelligenz	11.2
Frequenzsprungverfahren	Jacobus Cornelis Haartsen	08.07.2003	Netzwerke	7.6
D-Wave Quantum	Mohammad H. S. Amin und Miles F. H. Steininger	14.11.2006	Computer	6.7
Ionenfallen-Quantencomputer	Christopher Monroe, Daniel Stick, Martin Madsen, Winfried Hensinger und Keith Schwab	12.08.2008	Computer	6.8
Hydraulische Antriebe	Aaron Saunders und Marc Raibert	28.02.2012	Roboter	12.5
Humanoider Roboter	Robert O. Ambrose et al.	20.08.2013	Roboter	12.6
Word2Vec	Tomas Mikolov, Kai Chen, Gregory S. Corrado und Jeffrey A. Dean	19.05.2015	Künstliche Intelligenz	11.3
Dropout-Methode	Geoffrey Hinton	02.08.2016	Künstliche Intelligenz	11.4
Quantenüberlegenheit	Masoud Mohseni und Hartmut Neven	01.02.2022	Computer	6.9

Abbildungsverzeichnis

Grundlagen des Patentrechts

1

In diesem Kapitel werden die wesentlichen Aspekte des Patentrechts erläutert. Es werden insbesondere die Grundlagen beschrieben, die erforderlich sind, um die Bestandteile einer Patentschrift richtig einzuordnen.

1.1 Aufbau einer Patentschrift

Eine Patentschrift umfasst typischerweise folgende Abschnitte: einleitender Teil, Zeichnungen, Beschreibung der Zeichnungen, Patentansprüche und die Zusammenfassung.[1] Die Zusammenfassung dient ausschließlich der Information der Öffentlichkeit.[2] Im einleitenden Teil wird der Stand der Technik erläutert, der der Ausgangspunkt für die Erfindung war. Außerdem werden besondere Anwendungen und Vorteile der Erfindung beschrieben.

1.2 Einleitender Teil einer Patentschrift

Der einleitende Teil einer Patentschrift beschreibt die Entstehungsgeschichte der Erfindung. Was war zunächst da, welche Probleme haben sich daraus ergeben, welche technische Aufgabe hat sich der Erfinder daher gestellt und durch welche Ausführungsformen der technischen Lehre der Erfindung werden diese gelöst.[3] Diese Punkte werden ausführlich im ersten Teil einer Patentschrift erläutert.

[1] § 34 Absatz 3 Ziffern 3 bis 5 Patentgesetz.

[2] § 36 Absatz 2 Satz 1 Patentgesetz.

[3] Meitinger, Ohne Anwalt zum Patent. Anleitung zur Erstellung wertvoller Patente und Gebrauchsmuster, S. 33–43.

T. H. Meitinger, *50 wegweisende Hightech-Patente*,
https://doi.org/10.1007/978-3-662-73667-8_1

1.3 Zeichnungen der Patentschrift

Die Zeichnungen stellen konkrete Ausführungsformen der Erfindung in unterschiedlichen Perspektiven dar. Insbesondere werden unterschiedliche Varianten der Erfindung präsentiert. Anhand der Zeichnungen kann eine schnelle Orientierung über den Schwerpunkt der Patentschrift gelingen.

1.4 Beschreibung der Zeichnungen

In der Beschreibung der Zeichnungen werden die in den Zeichnungen dargestellten Ausführungsformen erläutert. Insbesondere wird beschrieben, welche einzelnen Bauteile die jeweiligen dargestellten Ausführungsformen aufweisen und wie diese Elemente zusammenwirken, um die Erfindung zu realisieren.

1.5 Patentansprüche

Die Patentansprüche beschreiben die Essenz der Erfindung, wobei der erste Anspruch „Hauptanspruch" genannt wird und die wesentlichen Merkmale der Erfindung offenbart.[4] Die Unteransprüche sind auf den Hauptanspruch rückbezogen und beschreiben besondere Ausführungsformen.[5] Der Hauptanspruch spannt den Schutzbereich auf. Außerdem gibt es noch nebengeordnete Ansprüche, die jeweils einen weiteren Schutzumfang bestimmen.[6] Auf nebengeordnete Ansprüche können zusätzliche Unteransprüche rückbezogen sein. Unteransprüche enthalten sämtliche Merkmale des jeweiligen rückbezogenen Haupt- oder Nebenanspruchs. Haupt- und nebengeordnete Ansprüche werden alternativ als unabhängige Ansprüche bezeichnet. Ein Synonym zu Unteranspruch ist abhängiger Anspruch.

Es gibt unterschiedliche Patentkategorien. Insbesondere können Vorrichtungsansprüche und Verfahrensansprüche unterschieden werden. Ein Vorrichtungsanspruch beansprucht einen Gegenstand, beispielsweise einen Motor. Ein Verfahrensanspruch bezieht sich insbesondere auf ein Verfahren zur Herstellung eines Gegenstands.[7]

---

[4] § 9 Absatz 4 Patentverordnung.

[5] § 9 Absatz 6 Satz 1 und 2 Patentverordnung.

[6] § 9 Absatz 5 Satz 1 Patentverordnung.

[7] Meitinger, Formulierung, Auslegung und Änderung von Patentansprüchen. Die Verfahren vor dem DPMA, dem EPA und dem BPatG, S. 14.

1.6 Auslegung von Ansprüchen durch den Fachmann

Die Interpretation des Aussagegehalts eines Anspruchs erfolgt aus der Perspektive eines einschlägigen Fachmanns. Der Fachmann des technischen Gebiets, in das die Erfindung fällt, ist zur Bewertung der Bedeutung der Merkmale und damit des Schutzumfangs heranzuziehen.[8] Der einschlägige Fachmann weist ein Fachwissen und ein Fachkönnen auf. Das Fachwissen umfasst ein technisches Allgemeinwissen und die einschlägigen Dokumente des Stands der Technik. Der Fachmann hat in aller Regel eine technische Ausbildung bzw. ein Studium absolviert. Das Fachkönnen hat sich der Fachmann durch eine langjährige berufliche Praxis angeeignet.[9]

Die Auslegung eines Anspruchs erfolgt in mehreren Schritten. Zunächst wird gemäß einer wortlautgemäßen Auslegung der Wortsinn der einzelnen Begriffe des Anspruchs bestimmt. Die Gesamtheit der Bedeutungen der einzelnen Begriffe ergibt die Bedeutung des Anspruchs. In einem zweiten Schritt wird die Bedeutung des Anspruchs vor dem Hintergrund der Offenbarung der kompletten Patentschrift interpretiert. Bei dieser systematischen Auslegung werden insbesondere die Zeichnungen und die Erläuterungen der Zeichnungen zum Verständnis des Anspruchs herangezogen. Zusätzlich kann in einer teleologischen Auslegung nach dem Sinn und Zweck der Merkmale des Anspruchs gefahndet und in einer funktionsorientierten Auslegung die Funktion des Anspruchs ermittelt werden.[10]

1.7 Europäisches Patenterteilungsverfahren

Das Europäische Patentübereinkommen (EPÜ) ermöglicht ein zentrales Patenterteilungsverfahren, das in allen EU-Ländern nach einer erfolgreichen Patentprüfung vor dem Europäischen Patentamt zu einem Patent führen kann. Vorteilhafterweise kann ein europäisches Patent auch für die Schweiz, die Türkei und für das Vereinigte Königreich (Großbritannien und Nordirland) erlangt werden.[11] Das Erteilungsverfahren kann in Deutsch, Englisch oder Französisch geführt werden.[12] Nach der Erteilung des Patents muss für

[8] Meitinger, Begründung der erfinderischen Tätigkeit. Die Verfahren vor dem DPMA, dem EPA und dem BPatG, S. 14.

[9] Meitinger, Begründung der erfinderischen Tätigkeit. Die Verfahren vor dem DPMA, dem EPA und dem BPatG, S. 17–20.

[10] Meitinger, Begründung der erfinderischen Tätigkeit. Die Verfahren vor dem DPMA, dem EPA und dem BPatG, S. 28–30.

[11] Europäisches Patentamt, https://www.epo.org/de/about-us/foundation/member-states, abgerufen am 18.04.2026.

[12] Artikel 14 Absatz 1 Europäisches Patentübereinkommen (EPÜ).

diejenigen Staaten eine Erstreckungs- bzw. Validierungsgebühr entrichtet werden, für deren Staatsgebiet ein wirksames europäisches Patent gewünscht ist.[13]

1.8 Einheitspatent

Nach der erfolgreichen Patenterteilung vor dem Europäischen Patentamt kann ein Einheitspatent (europäisches Patent mit einheitlicher Wirkung) angestrebt werden. Hierdurch wird ein einzelnes Patent mit Wirkung für aktuell 18 EU-Mitgliedsstaaten erlangt. Zu diesen Staaten gehören insbesondere Deutschland, Frankreich und Italien.[14]

1.9 Priorität

Mit dem Einreichen einer ersten Patentanmeldung erwirbt der Anmelder das Recht, überall auf der Erde dieselbe Anmeldung nachzureichen und dabei den frühen Zeitrang der ersten Anmeldung in Anspruch zu nehmen. Dieses Recht wird als „Inanspruchnahme der Priorität" bezeichnet. Dasselbe Recht steht auch dem Inhaber eines Gebrauchsmusters zu.[15]

1.10 Internationale Patentanmeldung

Der große Vorteil einer internationalen Patentanmeldung ist, dass das Recht zur Nachanmeldung mit demselben frühen Zeitrang einer ersten Anmeldung, das durch die Priorität bereits gilt, um mindestens 18 Monate verlängert wird. Mit dem Einreichen einer internationalen Anmeldung ist eine Recherchegebühr zu entrichten. Der Recherchebericht liefert eine erste amtliche Stellungnahme zur Patentfähigkeit. Ist der Anmelder deutscher Staatsbürger oder wohnhaft in Deutschland, kann der Antrag auf eine internationale Patentanmeldung beim Deutschen Patent- und Markenamt (DPMA), dem Europäischen Patentamt (EPA) oder direkt bei der World Intellectual Property Organization (WIPO) gestellt werden.[16]

---

[13] Europäisches Patentamt, https://www.epo.org/de/applying/european/request-extension-validation, abgerufen am 18.04.2026.

[14] Europäisches Patentamt, https://www.epo.org/de/service-support/faq/recht-und-praxis/einheitspatent/allgemeine-informationen/was-ist-ein, abgerufen am 18.04.2026.

[15] Artikel 4 A Absatz 1 Pariser Verbandsübereinkunft zum Schutz des gewerbliches Eigentums PVÜ.

[16] Meitinger, Ohne Anwalt zum Patent. Anleitung zur Erstellung wertvoller Patente und Gebrauchsmuster, S. 239.

1.11 Voraussetzungen einer Patenterteilung

Die technische Lehre des Hauptanspruchs und der Nebenansprüche müssen insbesondere neu sein und auf einer erfinderischen Tätigkeit basieren, damit das jeweilige Patent erteilt wird. Neuheit eines Anspruchs liegt vor, wenn einzelne Merkmale oder die besondere Kombination der Merkmale des Anspruchs bislang der Öffentlichkeit nicht bekannt waren.[17] Die technische Lehre eines Anspruchs ist erfinderisch, wenn sie für den Fachmann des technischen Gebiets nicht naheliegend ist und sie sich ihm daher nicht sofort und unmittelbar erschließt.[18]

1.12 Wirkungen eines Patents

Ein erteiltes Patent stellt ein Verbietungsrecht dar. Mit einem Patent kann jedem unbefugten Dritten die Herstellung, das Anbieten und der Verkauf des patentgeschützten Produkts verboten werden.[19] Mit einem patentgeschützten Herstellverfahren kann das Herstellen eines Produkts mit diesem Verfahren untersagt werden. Der Patentschutz des Herstellverfahrens erstreckt sich auch auf die unmittelbar hergestellten Erzeugnisse, die selbst nicht patentfähig sein müssen.[20]

1.13 Abmahnung

Eine Abmahnung stellt die letzte Möglichkeit dar, eine Patentverletzung außergerichtlich zu bereinigen. Eine Abmahnung enthält die Androhung eines gerichtlichen Verfahrens, falls die Patentverletzung nicht beendet wird, und die Aufforderung zur Abgabe einer strafbewehrten Unterlassungserklärung. Fehlt es an einem oder an beiden Bestandteilen, liegt keine Abmahnung, sondern eine Berechtigungsanfrage vor, die keine rechtlichen Konsequenzen zur Folge hat. Ein Vorteil der Abmahnung ist, dass die Kosten ihrer Ausarbeitung durch einen Anwalt dem Abgemahnten in Rechnung gestellt werden können.[21]

---

[17] § 3 Absatz 1 Satz 1 Patentgesetz bzw. Artikel 54 Absatz 1 Europäisches Patentübereinkommen EPÜ.

[18] § 4 Satz 1 Patentgesetz bzw. Artikel 56 Satz 1 Europäisches Patentübereinkommen EPÜ.

[19] § 9 Satz 2 Nr. 1 Patentgesetz.

[20] § 9 Satz 2 Nr. 3 Patentgesetz.

[21] Meitinger, Patenterteilung, Einspruch, Beschwerde und Nichtigkeit. Die Verfahren vor dem DPMA, dem EPA und dem BPatG, S. 105.

1.14 Patentverletzung

Ein Patentverletzungsverfahren dient der gerichtlichen Durchsetzung der Ansprüche des Patentinhabers. Der Patentinhaber hat einen Unterlassungsanspruch bei Vorliegen einer Patentverletzung[22] und wenn eine Erstbegehungsgefahr unmittelbar droht.[23] Außerdem besteht ein Schadensersatzanspruch, falls Vorsatz oder Fahrlässigkeit vorliegt.[24] Zusätzlich können Vernichtungs-, Auskunfts- und Rückrufansprüche geltend gemacht werden.[25]

1.15 Einspruchs- und Nichtigkeitsverfahren

Nach der Erteilung kann ein Patent von jedermann angegriffen werden. Durch ein Einspruchsverfahren besteht eine kostengünstige Angriffsmöglichkeit, da bei einem Einspruchsverfahren kein Kostenrisiko für den Einsprechenden besteht. Jeder Beteiligte eines Einspruchsverfahrens trägt seine Kosten selbst. Die Verfahrenskosten der amtlichen Einspruchsabteilung werden keiner Partei auferlegt.[26]

1.16 Gebrauchsmuster

Das Verfahren zur Eintragung eines Gebrauchsmusters in das Register des Patentamts kennt kein Prüfungsverfahren. Es werden vor der Eintragung nur formale Erfordernisse geprüft. Es kann nur ein Antrag auf amtliche Ermittlung des zur Bewertung der Schutzfähigkeit relevanten Stands der Technik gestellt werden (Rechercheantrag).[27]

Ein großer Vorteil eines Gebrauchsmusters ist die Neuheitsschonfrist, wodurch eigene Veröffentlichungen, die bis zu sechs Monate vor dem Anmeldetag des Gebrauchsmusters zurück liegen, nicht zur Frage der Rechtsbeständigkeit berücksichtigt werden.[28] Wurde daher beispielsweise durch die eigene Website oder einen Flyer eine Erfindung der Öffentlichkeit zugänglich gemacht, kann eine Patenterteilung ausgeschlossen sein. Ein rechtsbeständiges Gebrauchsmuster kann in diesem Fall jedoch noch möglich sein.

---

[22] § 139 Absatz 1 Satz 1 Patentgesetz.

[23] § 139 Absatz 1 Satz 2 Patentgesetz.

[24] § 139 Absatz 2 Satz 1 Patentgesetz.

[25] Meitinger, Patenterteilung, Einspruch, Beschwerde und Nichtigkeit. Die Verfahren vor dem DPMA, dem EPA und dem BPatG, S. 107.

[26] Meitinger, Patenterteilung, Einspruch, Beschwerde und Nichtigkeit. Die Verfahren vor dem DPMA, dem EPA und dem BPatG, S. 46.

[27] § 7 Absatz 1 Gebrauchsmustergesetz.

[28] § 3 Absatz 1 Satz 3 Gebrauchsmustergesetz.

Energie

2

Eine wissenschaftliche Theorie besagt, dass sich der Grad der kulturellen Entwicklung als Produkt von Energieerzeugung und Technologie bestimmt.[1] Auf jeden Fall ist eine effiziente Energieerzeugung eine Voraussetzung für die Entwicklung hochstehender Technologien. Durch effiziente Energieerzeugung wird Technologieentwicklung überhaupt erst möglich und andersherum wird durch fortschrittliche Technologie die Energieerzeugung wieder effizienter. Aus dieser Aufwärtsspirale ergibt sich ein immer höherer Grad an Kultur. Es erscheint wie das Wunder des Baron Münchhausen, der sich an den eigenen Haaren aus dem Sumpf zieht.[2]

2.1 Dampfmaschine von James Watt

James Watt, geboren am 30. Januar 1736 in Greenock und gestorben am 25. August 1819 in Handsworth, hat nicht die Dampfmaschine erfunden.[3] Diese Ehre gebührt einem anderen Engländer. Thomas Newcomen, geboren im Februar 1664 in Dartmouth und

[1] White, Leslie A. (1943): Energy and the Evolution of Culture. In: American Anthropologist, Vol. 45, No. 3, S. 335–356.

[2] Gottfried August Bürger: Des Freyherrn von Münchhausen Wunderbare Reisen. London [Göttingen]: o. A. [Johann Christian Dieterich], 1786, Seite 10. Digitale Volltext-Ausgabe bei Wikisource, URL: https://de.wikisource.org/w/index.php?title=Seite:Abentheuer_des_Freyherrn_von_Muenchhausen_(1786).djvu/10&oldid=- (Version vom 17.08.2016).

[3] Wikipedia, https://de.wikipedia.org/wiki/James_Watt#:~:text=Table_title:%20Einzelnachweise%20Table_content:%20header:%20%7C%20Personendaten%20%7C,%7C%20Personendaten:%20GEBURTSORT%20%7C%20:%20Greenock%20%7C, abgerufen am 18.03.2026.

T. H. Meitinger, *50 wegweisende Hightech-Patente*,
https://doi.org/10.1007/978-3-662-73667-8_2

gestorben am 5. August 1729 in London, entwickelte die erste einsatzfähige Dampfmaschine.[4] Allerdings war deren Wirkungsgrad so gering, dass sie nur für Kohlebergwerke eingesetzt wurde, denn der Transport von Kohle zur Befeuerung der Dampfmaschine wäre bereits zu kostspielig gewesen. Die Erfinderleistung von James Watt bestand darin, den Wirkungsgrad der Dampfmaschine von Newcomen deutlich zu steigern und damit ihren Siegeszug zu ermöglichen. Das Patent von James Watt wurde 1769 erteilt.

2.2 Dynamo

Ein Dynamo erzeugt aus mechanischer Bewegung elektrische Energie. Er stellt das komplementäre Gegenstück zu einem Elektromotor dar, der mit elektrischer Energie gespeist wird, um mechanische Arbeit zu leisten. Die Bezeichnung „Dynamo" stammt von Werner von Siemens, der den ersten praxistauglichen Dynamo entwickelte. Ernst Werner von Siemens wurde am 13. Dezember 1816 geboren und ist am 6. Dezember 1892 gestorben.[5] Das Besondere an dem Dynamo von Siemens war, dass er keine Permanentmagnete benötigte. Permanentmagnete sind teuer und werden im Laufe der Zeit immer schwächer. Der Dynamo von Siemens verwendete stattdessen Elektromagnete und nutzte den dynamoelektrischen Effekt zum „Hochfahren" des Dynamos. Werner von Siemens entdeckte den dynamoelektrischen Effekt um 1866.

Abb. 2.1 zeigt einen Generator zur Erzeugung von Strom mit einem Permanentmagneten. Die Spule wird in dem magnetischen Feld des Hufeisenmagneten durch mechanische Arbeit gedreht, wodurch sich das Magnetfeld innerhalb der Spule ändert. Aufgrund der elektromagnetischen Induktion wird hierdurch elektrische Spannung in der Spule erzeugt, die einen Verbraucher mit elektrischer Energie versorgen kann.

Abb. 2.2 zeigt einen Generator ohne Permanentmagneten. Statt des Permanentmagneten sind Elektromagnete mit jeweils einem Eisenkern angeordnet. In den Eisenkernen wird immer ein schwacher Restmagnetismus vorhanden sein, sodass zumindest ein schwaches magnetisches Feld vorhanden ist. Wird nun die Spule mechanisch angetrieben, erzeugt sie aufgrund der elektromagnetischen Induktion in dem schwachen magnetischen Feld der Eisenkerne bereits eine Spannung. Diese Spannung wird dazu genutzt, in die Spulen der Elektromagnete Strom einzuspeisen. Hierdurch erhöht sich das Magnetfeld der Elektromagnete und die drehende Spule erzeugt eine höhere Spannung, die einen höheren Strom in die Elektromagnete einspeist. Der Generator „schaukelt" sich selbst hoch, bis genügend Spannung erzeugt wird, um zusätzlich einen externen Verbraucher mit elektrischer Energie zu versorgen.

[4] Wikipedia, https://en.wikipedia.org/wiki/Thomas_Newcomen#:~:text=Table_content:%20header:%20%7C%20Thomas%20Newcomen%20%7C%20%7C,Inventing%20the%20first%20practical%20steam%20engine%20%7C, abgerufen am 18.03.2026.

[5] Wikipedia, https://de.wikipedia.org/wiki/Werner_von_Siemens, abgerufen am 05.04.2026.

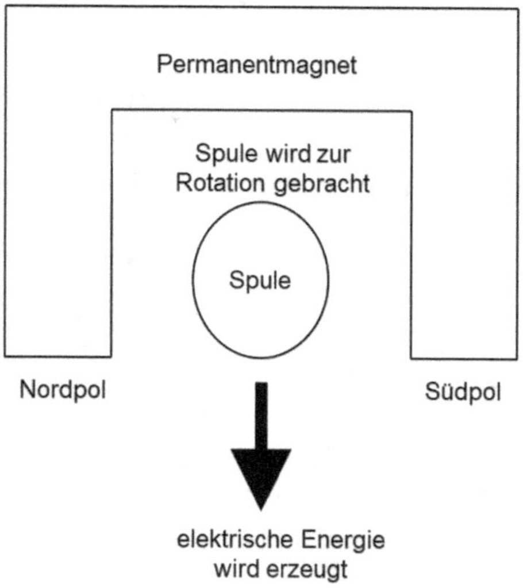

Abb. 2.1 Generator mit Permanentmagneten

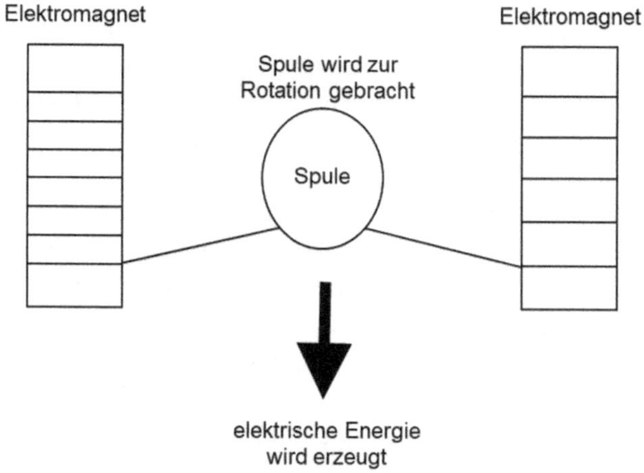

Abb. 2.2 Generator mit Elektromagneten

2.3 Wechselstromsystem

Die heutige elektrische Energieversorgung erfolgt mit einem Wechselstromsystem, das sich in einem erbitterten Kampf gegen das Gleichstromsystem des Erfinders Thomas Alva Edison, geboren am 11. Februar 1847 und gestorben am 18. Oktober 1931, zunächst in den USA und danach weltweit durchsetzte.[6] Der große Vorteil des Wechsel-

[6] Wikipedia, https://de.wikipedia.org/wiki/Thomas_Alva_Edison, abgerufen am 20.03.2026.

stromsystems ist, dass eine Leistungsübertragung ohne große Verluste auch über große Distanzen hinweg möglich ist. Für einen Staat mit großer Landfläche wie den USA ein entscheidender Vorteil. Das Wechselstromsystem geht wesentlich auf Nikola Tesla, geboren am 10. Juli 1856 und gestorben am 7. Januar 1943, zurück.[7] In dem Patent US 381,968 beschreibt er sein Wechselstromsystem.

Das Patent US 381,968, das am 1. Mai 1888 erteilt wurde, beschreibt auch den von Tesla erfundenen Induktionsmotor, dessen Rotor von einem selbst rotierenden Magnetfeld im Stator angetrieben wird. Der Induktionsmotor von Tesla benötigt daher keine Kommutatoren. Kommutatoren sind jedoch in Gleichstrommotoren notwendig, um die Ausrichtung des Magnetfelds zu ändern, damit das Magnetfeld den Rotor des Motors weiter in dieselbe Rotationsrichtung nach sich ziehen kann. Kommutatoren weisen aufgrund des mechanischen Kontaktes einen Abrieb auf und müssen in regelmäßigen Abständen getauscht werden. Der Induktionsmotor von Tesla hat keine Kommutatoren und ist daher wartungsarm und langlebig,

Der Induktionsmotor weist mehrere Spulen auf, die mit zeitversetzten Wechselströmen gespeist werden (Phasenverschiebung). Die Ströme erreichen in den Spulen zeitversetzt ihre Maxima, wodurch sich das rotierende Magnetfeld ergibt. Im Zentrum der Spulen ist der Rotor, der kurzgeschlossen ist, sodass in dem Rotor ein von den Spulen induzierter Strom fließt. Nach der Lenz'schen Regel versucht der induzierte Strom seiner Ursache entgegenzuwirken. Da das Magnetfeld rotiert, muss der Rotor mit derselben Frequenz mit rotieren, um der ursächlichen elektromagnetischen Induktion entgegenzuwirken. Würde der Rotor mit der exakt gleichen Frequenz zum Magnetfeld rotieren, würde jedoch kein Strom in dem Rotor induziert werden und der Rotor würde keine Kraft erfahren. Der Rotor hinkt daher dem Magnetfeld in dem Maße hinterher, indem er einen induzierten Strom benötigt, um bewegt zu werden. Wird der Rotor belastet, da er beispielsweise ein Fahrzeug antreibt, ist dieser Schlupf groß. Ohne Belastung und hat der Rotor ein nur geringes eigenes Gewicht, läuft der Rotor nahezu synchron zum rotierenden Magnetfeld des Stators.

Abb. 2.3 zeigt in der Fig. 13 links einen Generator und rechts einen Motor, wobei die kreisförmige Anordnung der Spulen dargestellt ist, die zum Rotieren des magnetischen Nordpols führt, der den Rotor des Motors mitzieht. Der besondere Vorteil der Erfindung von Tesla ist das sich selbst drehende Magnetfeld. Fig. 15 zeigt die Spulen des Stators und den Rotor A.

[7] Wikipedia, https://de.wikipedia.org/wiki/Nikola_Tesla, abgerufen am 03.04.2026.

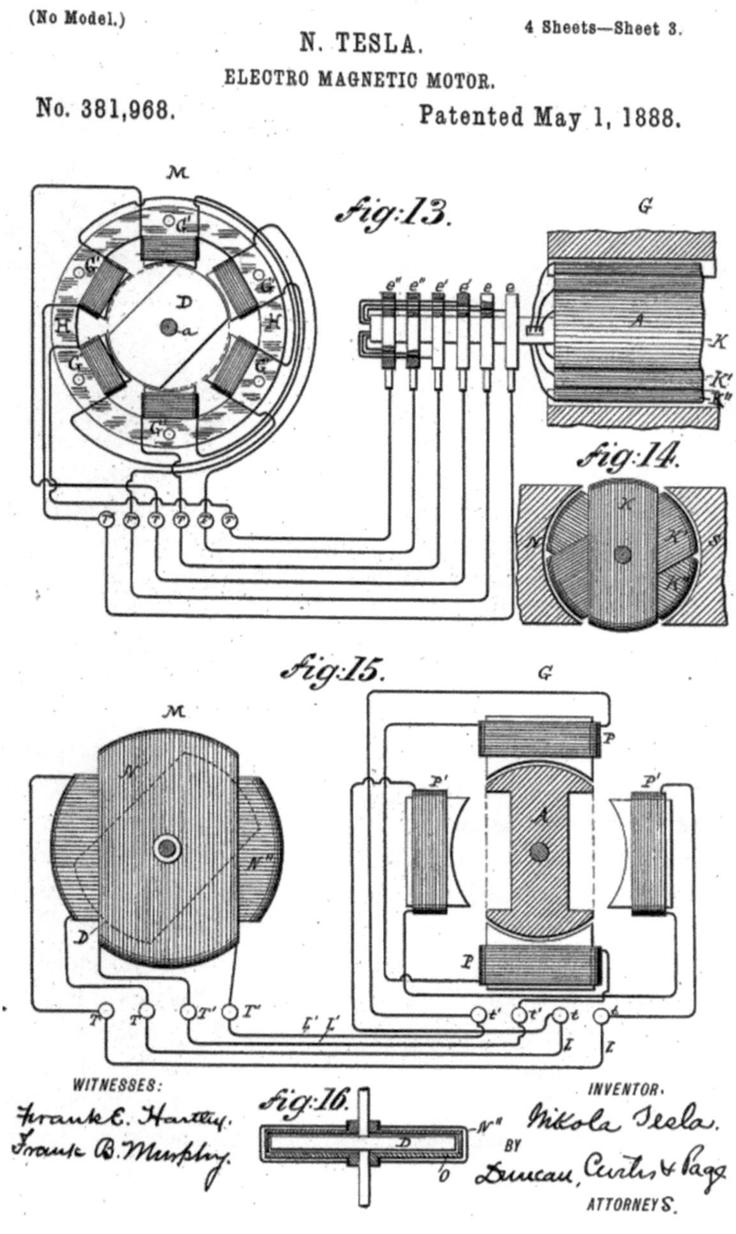

Abb. 2.3 Fig. 13 bis 16 der US381968. (DPMA, https://depatisnet.dpma.de/DepatisNet/depatisnet?action=pdf&docid=US000000381968A&xxxfull=1, abgerufen am 03.04.2026)

Der Hauptanspruch des Patents lautet:

„The combination, with a motor containing separate or independent circuits on the armature or field-magnet, or both, of an alternating-current generator containing induced circuits connected independently to corresponding circuits in the motor, whereby a rotation of the generator produces a progressive shifting of the poles of the motor, as herein described.“[8]

In dem Anspruch wird beschrieben, dass ein rotierendes Magnetfeld auf den Rotor eines Motors einwirkt und der Rotor aufgrund der in ihm induzierten Ströme dem Magnetfeld folgt.

2.4 Solarzelle

Edward Weston, geboren am 9. Mai 1850 in England und gestorben am 20. August 1936 in den USA, war ein technisches Genie in der Gewichtsklasse von Thomas Alva Edison. Er entwickelte zur gleichen Zeit wie Edison eine Glühlampe für den Dauereinsatz. Außerdem erfand er einen magnetischen Tachometer und das Drehspulmesswerk zur Messung von elektrischen Strömen, das in der Bauform von Weston bis heute eingesetzt wird. Er erwarb über 300 Patente. Auf ihn geht die Konstruktion der ersten Solarzelle zurück.[9]

In dem Patent US 389,124, das am 4. September 1888 erteilt wurde, beschreibt Weston die Nutzung von Solarenergie.

Der Hauptanspruch lautet: „The combination of a thermopile, a means (such as a mirror or lens) arranged to concentrate or converge solar rays thereupon and in circuit with said thermopile, a secondary or storage cell, and an electromotor, substantially as described.“[10]

Der Hauptanspruch beschreibt eine Thermosäule (thermopile), auf die durch eine Linse oder einen Spiegel Sonnenstrahlen konzentriert werden. Die Thermosäule stellt eine Hintereinanderschaltung von Thermoelementen dar, die jeweils aus unterschiedlichen Metallen aufgebaut sind. Wird ein erstes Metall durch Sonneneinstrahlung erhitzt und ein benachbartes zweites Metall nicht, entsteht aufgrund des Seebeck-Effekts wegen des Temperaturgefälles eine geringe Spannung. Um eine hohe Spannung zu erzielen, wird eine Vielzahl von Thermoelementen in einer Kaskade hintereinander geschaltet.

Abb. 2.4 zeigt die Linse F, die die Sonneneinstrahlung auf die Thermosäule E fokussiert. Die erzeugte Spannung kann in einer Batterie H gespeichert werden, sodass beispielsweise nachts ein Elektromotor K mit elektrischer Energie versorgt werden kann.

[8] DPMA, https://depatisnet.dpma.de/DepatisNet/depatisnet?action=pdf&docid=US000000381968A&xxxfull=1, abgerufen am 03.04.2026.

[9] Wikipedia, https://de.wikipedia.org/wiki/Edward_Weston_(Chemiker), abgerufen am 21.03.2026.

[10] DPMA, https://depatisnet.dpma.de/DepatisNet/depatisnet?action=pdf&docid=US000000389124A&xxxfull=1, abgerufen am 22.03.2026.

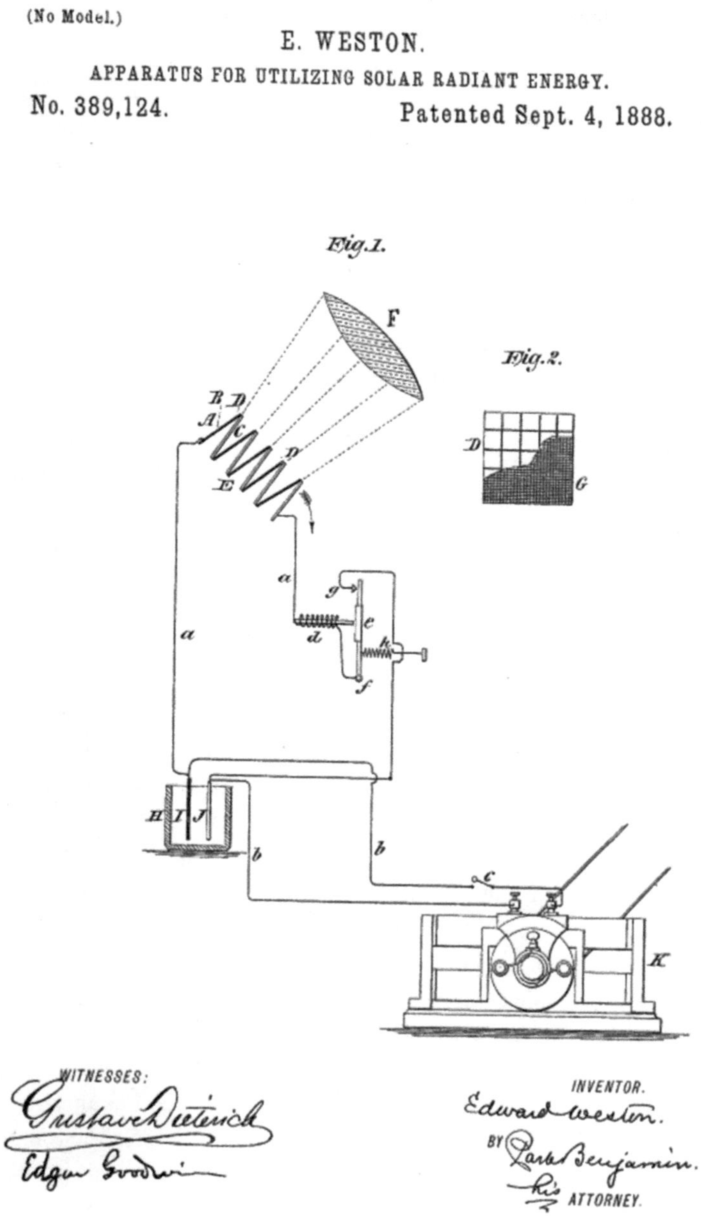

Abb. 2.4 Fig. 1 und 2 der US389124. (DPMA, https://depatisnet.dpma.de/DepatisNet/depatisnet?action=pdf&docid=US000000389124A&xxxfull=1, abgerufen am 03.04.2026)

2.5 Silizium-Solarzelle

Das Patent US 2,780,765, das am 5. Februar 1957 erteilt wurde, beschreibt die erste Silizium-Solarzelle. Die Silizium-Solarzelle unterscheidet sich von einer Solarzelle mit Thermoelementen insbesondere durch den höheren Wirkungsgrad. Silizium-Solarzellen sind daher zur Energieerzeugung geeignet. Solarzellen mit Thermoelementen sind dagegen empfindlicher, sodass sie eher zur Detektion von Licht genutzt werden. Thermosäulen finden insbesondere als Bildsensoren in Kameras Verwendung.

Die Erfinder der Silizium-Solarzelle sind Daryl M. Chapin, Calvin S. Fuller und Gerald L. Pearson, die ihre Erfindung der Silizium-Solarzelle während ihrer Tätigkeit in den Bell Laboratories geschaffen haben. Die Bell Laboratories waren die Forschungsabteilung des Telekommunikationsriesen AT&T, die von Graham Bell gegründet wurde. Die Forscher der Bell Laboratories sind für eine ganze Reihe bahnbrechender Erfindungen verantwortlich, wofür insgesamt elf Nobelpreise verliehen wurden. Die Bell Laboratories gehören heute zu Nokia.[11]

Silizium-Solarzellen nutzen den fotovoltaischen Effekt, wodurch Licht direkt in Strom gewandelt wird. Durch Photonen, Lichtquanten, werden Elektronen aus dem Silizium der Solarzelle geschlagen, die dann in einem elektrischen Feld fließen und damit einen Strom erzeugen.

Der Hauptanspruch des Patents lautet: „An arrangement for utilizing solar radiation for keeping charged a storage battery comprising a storage battery to be charged, at least one photosensitive element comprising a silicon body including an n-type zone contiguous with a p-type zone including a concentration of boron impurities, the thickness of the p-type zone being of the order of the diffusion length of electrons therein, and a unilaterally-conductive element serially connected with said storage battery and photosensitive element, and poled to pass charging currents developed by the photosensitive element and to block discharging currents from the battery through the photosensitive element."[12]

Der Anspruch beschreibt einen p-n-Übergang. Bei einem p-n-Übergang liegt eine n-Schicht mit überzähligen, beweglichen Elektronen an einer p-Schicht mit Löchern, die als positive Ladungsträger anzunehmen sind. Die freien Elektronen der n-Schicht wandern in die p-Schicht und rekombinieren mit den Löchern, wodurch sich am Übergang zwischen n-Schicht und p-Schicht eine Verarmungszone ohne bewegliche Ladungsträger ausbildet. An der Verarmungszone liegt eine Spannung an, da in der p-Schicht die Elektronen der n-Schicht zusätzlich vorhanden sind und in der n-Schicht die Löcher, als positive Ladungsträger, der p-Schicht gelandet sind. Treffen auf diese Verarmungszone Photonen und werden dadurch Elektronen aus dem Material herausgeschlagen, fließt wegen der anliegenden Spannung ein Strom.

[11] Wikipedia, https://de.wikipedia.org/wiki/Bell_Laboratories, abgerufen am 18.04.2026.

[12] DPMA, https://depatisnet.dpma.de/DepatisNet/depatisnet?action=pdf&docid=US000002780765A&xxxfull=1, abgerufen am 22.03.2026.

Abb. 2.5 zeigt die erste praktikable Solarzelle aus Silizium der Welt. Beim Auftreffen von Sonnenlicht auf die Grenzschicht zwischen n- und p-Schicht werden Elektronen freigeschlagen, die durch die Spannung der Verarmungszone zu einem Strom führen.

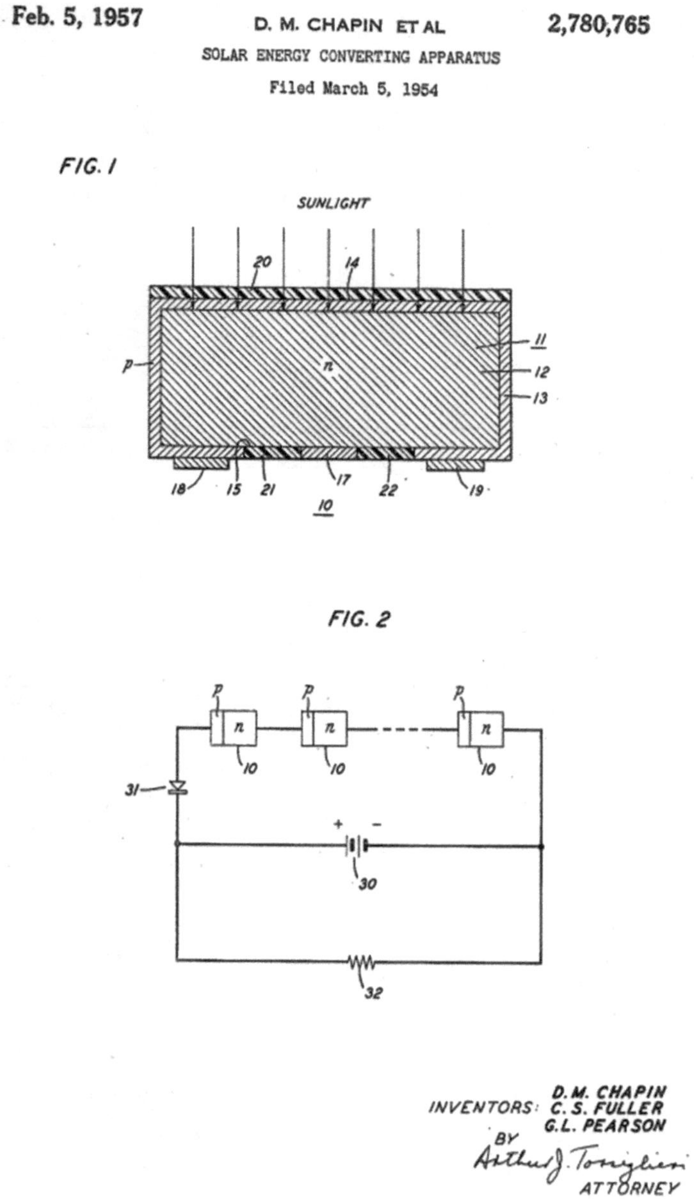

Abb. 2.5 Fig. 1 und 2 der US2780765. (DPMA, https://depatisnet.dpma.de/DepatisNet/depatisnet?action=pdf&docid=US000002780765A&xxxfull=1, abgerufen am 03.04.2026)

Abb. 2.6 zeigt das Wandern der freien Elektronen von der n-Schicht in die p-Schicht und das „Wandern" der Löcher von der p-Schicht in die n-Schicht, sodass in der Grenzschicht des p-n-Übergangs keine freien Ladungsträger vorhanden sind. Allerdings ergibt sich eine Spannung in der Verarmungszone.

Abb. 2.7 zeigt, dass sich durch die zusätzlichen Elektronen in der p-Schicht und die „gewanderten" Löcher in der n-Schicht eine Spannung an dem p-n-Übergang ausbildet. Werden in der Verarmungszone freie Elektronen erzeugt, werden diese von der Spannung angezogen und es ergibt sich ein Stromfluss.

Abb. 2.8 zeigt den Einfall von Photonen in die Verarmungszone, wobei die Photonen ihre Energie an gebundene Elektronen abgeben und diese damit aus den Atomen herausschleudern. Die frei gewordenen Elektronen werden von der Spannung der Verarmungszone angezogen und es ergibt sich ein Stromfluss.

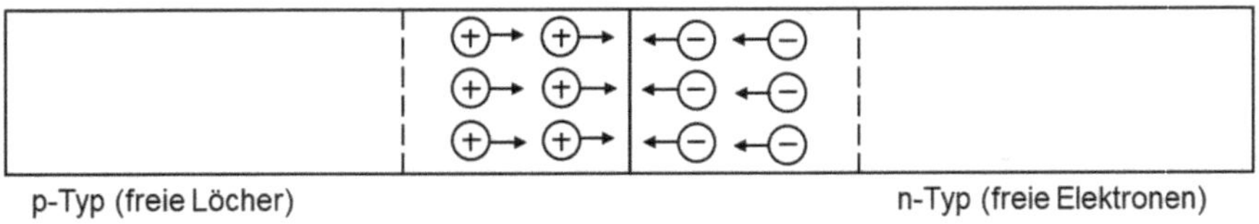

Abb. 2.6 Verarmungszone des p-n-Übergangs

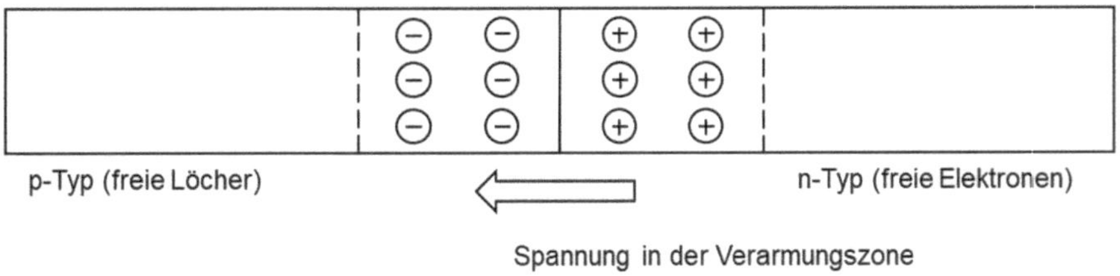

Abb. 2.7 Spannung in der Verarmungszone des p-n-Übergangs

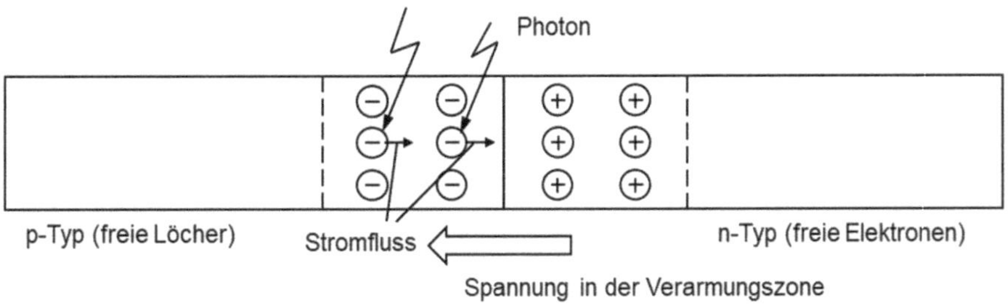

Abb. 2.8 Stromfluss durch von Photonen freigeschlagene Elektronen

2.6 Kernreaktor

Das Patent US 2,708,656, das am 17. Mai 1955 erteilt wurde, offenbart den ersten funktionsfähigen Kernreaktor der Welt. Die Patentanmeldung wurde bereits am 19. Dezember 1944 beim US-Patentamt eingereicht. Allerdings wurde sie lange Zeit bewusst geheim gehalten, wodurch sich die späte Erteilung und Veröffentlichung nach fast 11 Jahren erklärt. Die technische Lehre des Patents wurde von den Physikern Enrico Fermi, geboren am 29. September 1901 und gestorben am 28. November 1954,[13] und Leó Szilárd, geboren am 11. Februar 1898 und gestorben am 30. Mai 1964,[14] entwickelt. Enrico Fermi war einer der wichtigsten Physiker des 20. Jahrhunderts, der für die Erkenntnis, dass abgebremste Neutronen eine Kettenreaktion auslösen, den Nobelpreis für Physik erhielt.[15] Leó Szilárd gilt als der „Vater der Atombombe", da er bereits 1933 die Möglichkeit zur Initiierung einer nuklearen Kettenreaktion erkannte.[16]

Das Patent US 2,708,656 ist die grundlegende Patentschrift für die kommerzielle Nutzung der Kernenergie. Als Brennstoff wurde natürliches Uran verwendet. Trifft ein Neutron auf einen Uran-Kern, spaltet sich dieser und gibt viele neue Neutronen frei, wodurch sich eine Kettenreaktion ergeben kann. Allerdings sind die freigesetzten Neutronen sehr schnell, sodass sie an benachbarten Uran-Kernen vorbeifliegen, ohne diese zu spalten. Die freigesetzten Neutronen müssen daher verlangsamt werden, um tatsächlich eine Kettenreaktion auszulösen. Hierzu wird das Graphit genutzt. Die freigewordenen Neutronen prallen gegen das Graphit und verlieren damit einen Teil ihrer Energie und verlangsamen. Die verlangsamten Neutronen rasen nicht einfach an den Uran-Kernen vorbei, sondern führen zu deren Spaltung und damit Freisetzung weiterer Neutronen, die wieder verlangsamt werden, um zur Kettenreaktion zu führen.

Abb. 2.9 zeigt den Reaktorkern 210 mit einer Gitterstruktur aus Graphit, in der die Uranstäbe eingebettet sind. Der Reaktorkern 210 wird mit dicken Betonwänden 228 abgeschirmt, damit die radioaktive Strahlung nicht nach außen tritt. Außerdem weist der Kernreaktor Steuerstäbe 241 und 242 auf, die Neutronen „schlucken" können und damit im eingefahrenen Zustand die Kettenreaktion im Reaktorkern 210 beenden.

---

[13] Wikipedia, https://de.wikipedia.org/wiki/Enrico_Fermi, abgerufen am 03.04.2026.

[14] Wikipedia, https://de.wikipedia.org/wiki/Le%C3%B3_Szil%C3%A1rd, abgerufen am 03.04.2026.

[15] Wikipedia, https://de.wikipedia.org/wiki/Enrico_Fermi, abgerufen am 18.04.2026.

[16] Wikipedia, https://de.wikipedia.org/wiki/Le%C3%B3_Szil%C3%A1rd, abgerufen am 18.04.2026.

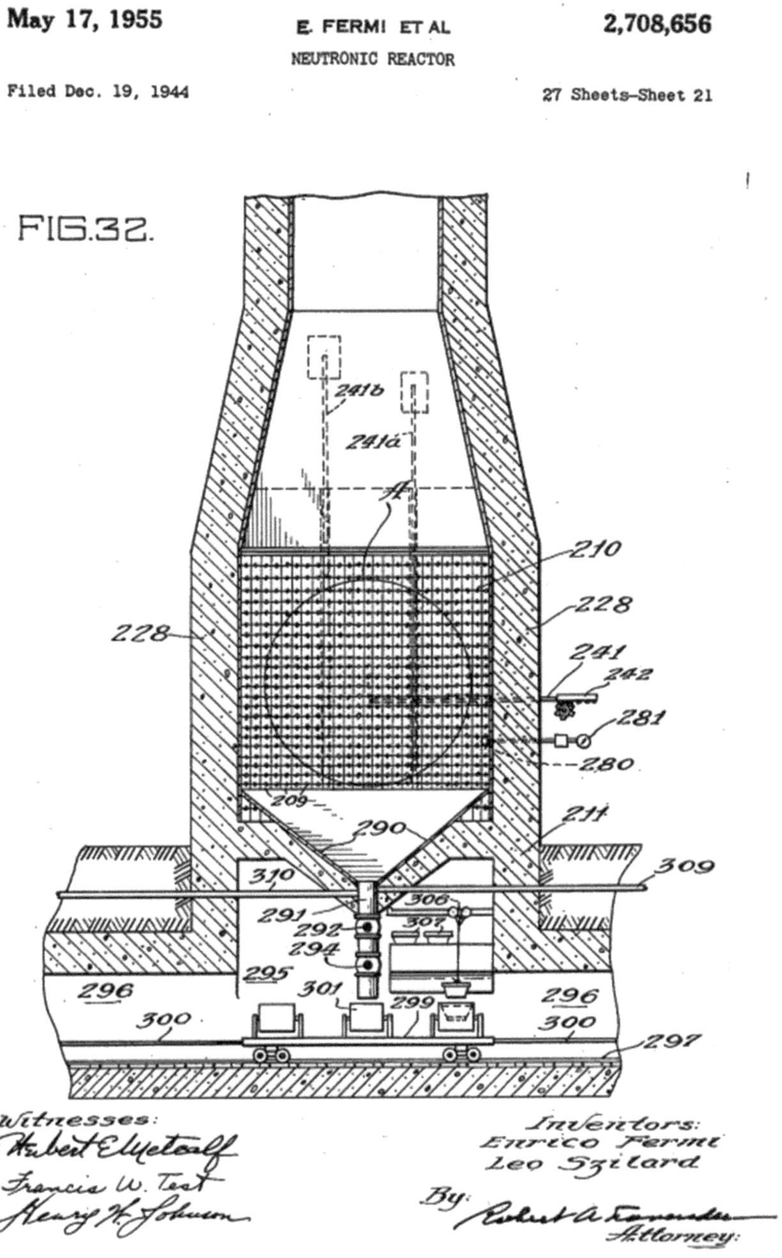

Abb. 2.9 Fig. 32 der US2708656. (DPMA, https://depatisnet.dpma.de/DepatisNet/depatisnet?action=pdf&docid=US000002708656A&xxxfull=1, abgerufen am 13.01.2026)

2.7 Lithium-Ionen-Batterie

Lithium ist für die Batterietechnik von enormer Bedeutung, da es erst mit der Verwendung von Lithium möglich war, sehr kleine Batterien mit hoher Energiedichte herzustellen. Smartphones und Laptops wären ohne Lithium-Batterien nicht vorstellbar. Lithium-Atome sind sehr leicht und klein, sodass auf einem kleinen Raum eine hohe Anzahl an Lithium-Atomen gepackt werden kann. Ein weiterer Vorteil ist, dass Lithium sehr leicht das äußerste Elektron abgibt, wodurch der elektrochemische Prozess erleichtert wird und sich damit ein hohes Spannungspotenzial ergibt. Außerdem belasten die Wanderungen der Lithium-Ionen beim Auf- und Entladen das Material kaum, wodurch eine hohe Langlebigkeit gewährleistet ist.

Die technische Lehre des Patents US 4,668,595, das am 26. Mai 1987 erteilt wurde, wurde 2019 mit dem Nobelpreis für Chemie ausgezeichnet. Das Wesentliche dieser Erfindung ist die Kombination von besonderen Materialien, die das Bilden von metallischem Lithium beim Aufladen an den Elektroden verhindert und damit eine Explosionsgefahr bannt.

Die Erfinder der US 4,668,595 sind die Japaner Akira Yoshimo und Takayuki Nakajima. Akira Yoshimo, geboren am 30. Januar 1948, wurde für seine Forschertätigkeiten mit Lithium-Ionen-Batterien weltberühmt.[17]

Abb. 2.10 zeigt eine Lithium-Ionen-Batterie in einem Längsschnitt mit den Elektroden 1 und 2. Die Elektroden 1 und 2 werden durch den Separator 7 getrennt, wodurch sicher ein Kurzschluss vermieden wird. Die Kollektoren 4 und 4´ gewährleisten, dass der Strom von den aktiven Materialien zu den Anschlüssen 5 und 5´ gelangt. Der Raum um die Elektroden 1 und 2 ist mit einem Elektrolyt 8 aufgefüllt.

Abb. 2.10 Fig. 1 der US4668595. (DPMA, https://depatisnet.dpma.de/DepatisNet/depatisnet?action=pdf&docid=US000004668595A&xxxfull=1, abgerufen am 13.01.2026)

FIG. I

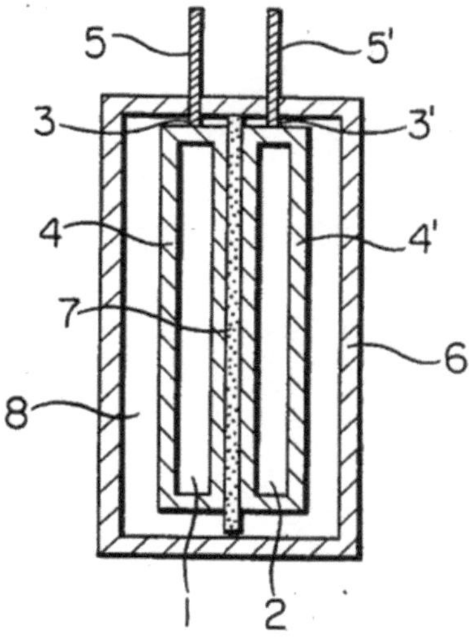

[17] Wikipedia, https://de.wikipedia.org/wiki/Akira_Yoshino, abgerufen am 18.04.2026.

3 Motoren

James Watt hat mit der Verbesserung der Dampfmaschine von Thomas Newcomen den ersten praxistauglichen Motor geschaffen. Seine Verbesserung führte zu einer signifikanten Steigerung des Wirkungsgrads, sodass der Verbrauch an Kohle erheblich reduziert und damit ein mobiler Einsatz als Antrieb eines Zugs möglich wurde. Danach kam der Ottomotor, der Dieselmotor und das Strahltriebwerk, wodurch der Individualverkehr und die Luftfahrt entstehen konnten.

3.1 Erster Verbrennungsmotor

Der erste Verbrennungsmotor wurde von François Isaac de Rivaz, geboren am 19. Dezember 1752 und gestorben am 30. Juli 1828, zum Patent angemeldet. Mit seinem Motor konnte er ein Fahrzeug eine Strecke von 26 m weit antreiben, das mit einer Last von 700 kg beladen war. Diese kurze Fahrt gilt als die erste Fahrt eines Automobils.[1]

[1] Wikipedia, https://de.wikipedia.org/wiki/Isaac_de_Rivaz, abgerufen am 22.03.2026.

T. H. Meitinger, *50 wegweisende Hightech-Patente*, https://doi.org/10.1007/978-3-662-73667-8_3

Abb. 3.1 zeigt den Verbrennungsmotor von François Isaac de Rivaz, bei dem ein Zylinderinnenraum mit Wasserstoffgas gefüllt wird. Eine Befüllung des Zylinderinnenraums mit Wasserstoffgas erfolgt, wenn der Kolben heruntergefahren ist. Das Wasserstoffgas wird gezündet, wodurch der Kolben nach oben geschleudert wird. Fährt der Kolben aufgrund der Schwerkraft wieder nach unten, wird ein Zahnrad mit der Zahnstange des Kolbens verkoppelt, wodurch das Zahnrad in Rotation gebracht wird und das Fahrzeug antreibt. Beim Hochschleudern des Kolbens mit der Zahnstange ist das Zahnrad von der Zahnstange entkoppelt und erst beim Herabfahren des Kolbens mit der Zahnstange erfolgt daher die Kraftabgabe zur Fortbewegung. Das Patent von François Isaac de Rivaz wurde am 30. Januar 1807 erteilt.[2]

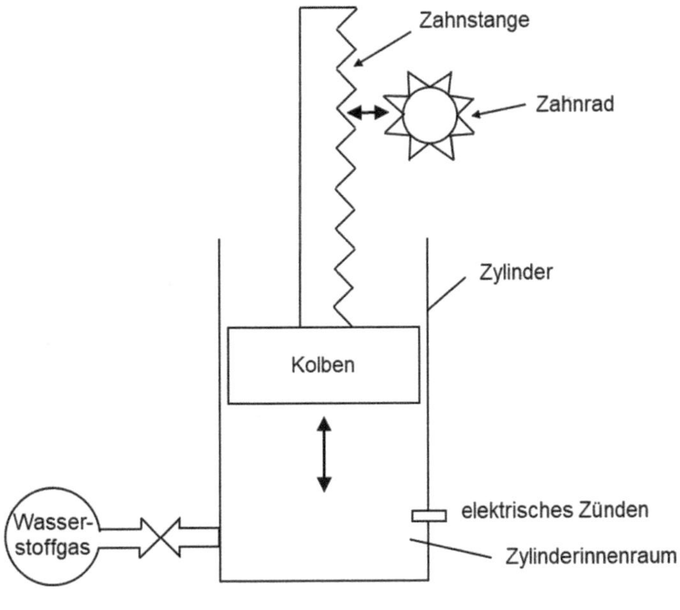

Abb. 3.1 Verbrennungsmotor von François Isaac de Rivaz

[2] DPMA, https://en.wikipedia.org/wiki/De_Rivaz_engine#:~:text=Towards%20the%20end%20of%20the,also%20dates%20it%20to%201807., abgerufen am 17.04.2026.

3.2 Ottomotor

Nicolaus August Otto, geboren am 10. Juni 1832 und gestorben am 26. Januar 1891, ist der Erfinder des Ottomotors.[3] Die ausschlaggebende Weiterentwicklung des Ottomotors ist die Verdichtung des Kraftstoff-Luft-Gemisches vor seiner Entzündung, wodurch der Wirkungsgrad deutlich gesteigert wird.

Otto beschrieb seine Erfindung in dem Patent DE 532,[4] das vom Kaiserlichen Patentamt am 4. August 1877 erteilt wurde. In den USA wurde die Erfindung vom US-Patentamt am 14. August 1877 patentiert.[5]

Der Hauptanspruch des Patents lautet: „In einem geschlossenen Raume brennbare, mit Luft gemischte Gase vor ihrer Verbrennung mit einer anderen Luftart in solcher Weise zusammenzubringen, dafs die an einer Stelle eingeleitete Verbrennung von Gas- zu Gaskörperchen verlangsamend sich fortpflanzt, die Verbrennungsproducte sowohl, als die sie umhüllende Luftart durch die erzeugte Wärme sich ausdehnen und so durch Expansion Betriebskraft abgeben."[6]

In dem Hauptanspruch wird die besondere Zusammensetzung des Kraftstoff-Luft-Gemisches vor der Zündung beschrieben.

Abb. 3.2 zeigt den ersten funktionsfähigen Viertaktmotor, den Ottomotor. Fig. 1 zeigt einen Längsschnitt des Zylinders A mit dem Kolben B, der sich innerhalb des Zylinders A auf und ab bewegt. Das Besondere des Ottomotors ist die Komprimierung des Luft-Brennstoff-Gemischs vor der Zündung, wodurch die erzeugte Kraft erheblich gesteigert wird. Fig. 4 zeigt den Ottomotor in einer Draufsicht.

---

[3] Wikipedia, https://de.wikipedia.org/wiki/Nicolaus_Otto, abgerufen am 22.03.2026.

[4] DPMA, https://depatisnet.dpma.de/DepatisNet/depatisnet?action=pdf&docid=DE000000000532A&xxxfull=1, abgerufen am 22.03.2026.

[5] DPMA, https://depatisnet.dpma.de/DepatisNet/depatisnet?action=pdf&docid=US000000194047A&xxxfull=1, abgerufen am 22.03.2026.

[6] DPMA, https://depatisnet.dpma.de/DepatisNet/depatisnet?action=pdf&docid=DE000000000532A&xxxfull=1, abgerufen am 22.03.2026.

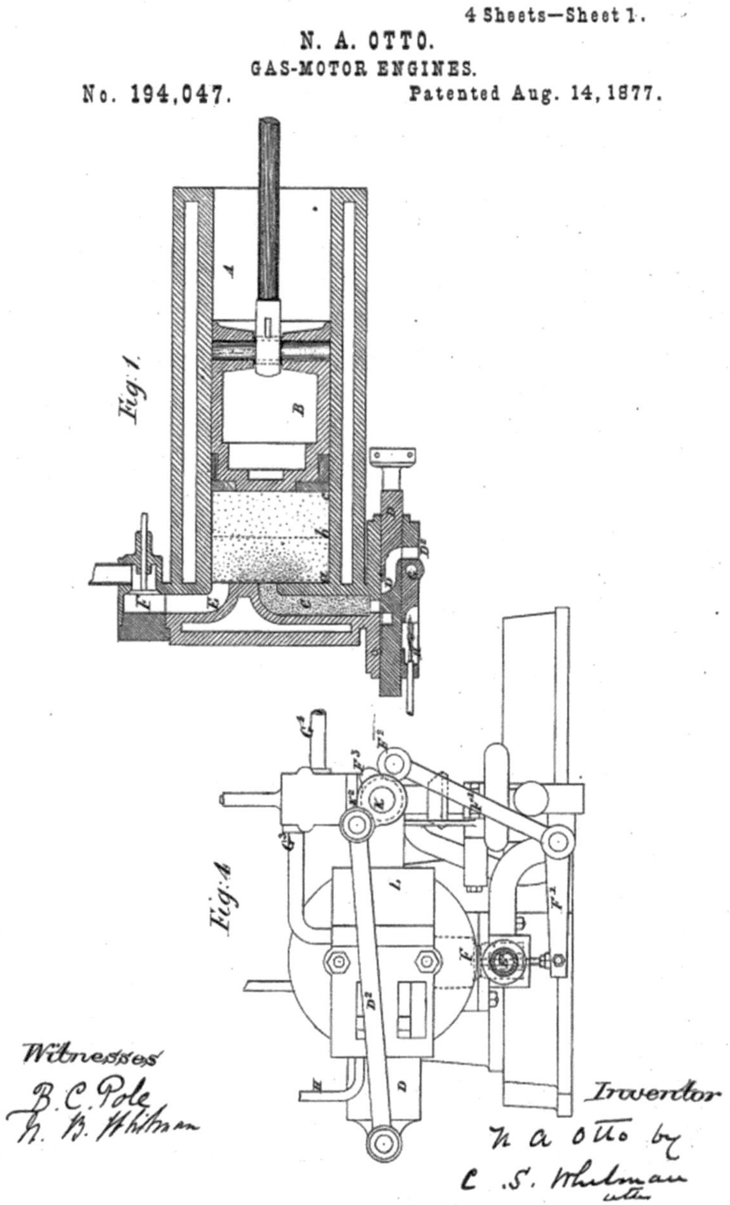

Abb. 3.2 Fig. 1 und 4 der US194047. (DPMA, https://depatisnet.dpma.de/DepatisNet/depatisnet?action=pdf&docid=US000000194047A&xxxfull=1, abgerufen am 03.04.2026.)

3.3 Dieselmotor

Rudolf Christian Karl Diesel, geboren am 18. März 1858 und gestorben am 29. September 1913, ist der Vater des „Diesel-Motors".[7] Das Besondere des Dieselmotors war die Selbstzündung des Luft-Kraftstoffgemisches, die durch einen sehr hohen Druck erreicht wurde. Das Patent DE 67207 von Diesel wurde am 28. Februar 1892 erteilt.[8]

Der Hauptanspruch des Patents DE 67207 lautet: „Arbeitsverfahren für Verbrennungskraftmaschinen, gekennzeichnet dadurch, dafs in einem Cylinder vom Arbeitskolben reine Luft oder anderes indifferentes Gas (bezw. Dampf) mit reiner Luft so stark verdichtet wird, dafs die hierdurch entstandene Temperatur weit über der Entzündungstemperatur des zu benutzenden Brennstoffes liegt (Curve 1–2 des Diagramms Fig. 2), worauf die Brennstoffzufuhr vom todten Punkte ab so allmälig stattfindet, dafs die Verbrennung wegen des ausschiebenden Kolbens und der dadurch bewirkten Expansion der verdichteten Luft (bezw. des Gases) ohne wesentliche Druck- und Temperaturerhöhung erfolgt (Curve 2–3 des Diagramms Fig. 2), worauf nach Abschlufs der Brennstoffzufuhr die weitere Expansion der im Arbeitscylinder befindlichen Gasmasse stattfindet (Curve 3–4 des Diagramms Fig. 2)."[9]

Der Anspruch beschreibt das essenzielle Merkmal des Dieselmotors der starken Komprimierung des Luft-Brennstoffgemisches, sodass eine Selbstzündung erfolgt.

Abb. 3.3 zeigt wesentliche Bauteile des Dieselmotors. In der Fig. 5 bewegt sich der Kolben P innerhalb des Zylinders C auf und ab. Über dem Zylinder C ist der Vorratsbehälter B angeordnet, der Brennstoff in den Zylinder C einfüllt. Die Fig. 6 zeigt das Einfüllen von Brennstoff in den Zylinder, wobei die Schwierigkeit darin besteht, den hohen Druck im Zylinder aufrechtzuhalten und ein Absenken beim Einfüllvorgang zu verhindern. Hierzu wird in einer Position a Brennstoff in eine Aufnahme r eingeleitet, wobei sich das Rad nach Auffüllen der Aufnahme r dreht, sodass der Brennstoff in den Zylinder abgelassen wird, ohne dass zu irgendeinem Zeitpunkt ein bedeutender Druckabfall möglich wäre.

[7] Wikipedia, https://de.wikipedia.org/wiki/Rudolf_Diesel, abgerufen am 22.03.2026.

[8] Wikipedia, https://depatisnet.dpma.de/DepatisNet/depatisnet?action=pdf&docid=DE000000067207A&xxxfull=1, abgerufen am 22.03.2026.

[9] DPMA, https://depatisnet.dpma.de/DepatisNet/depatisnet?action=pdf&docid=DE000000067207A&xxxfull=1, abgerufen am 03.04.2026.

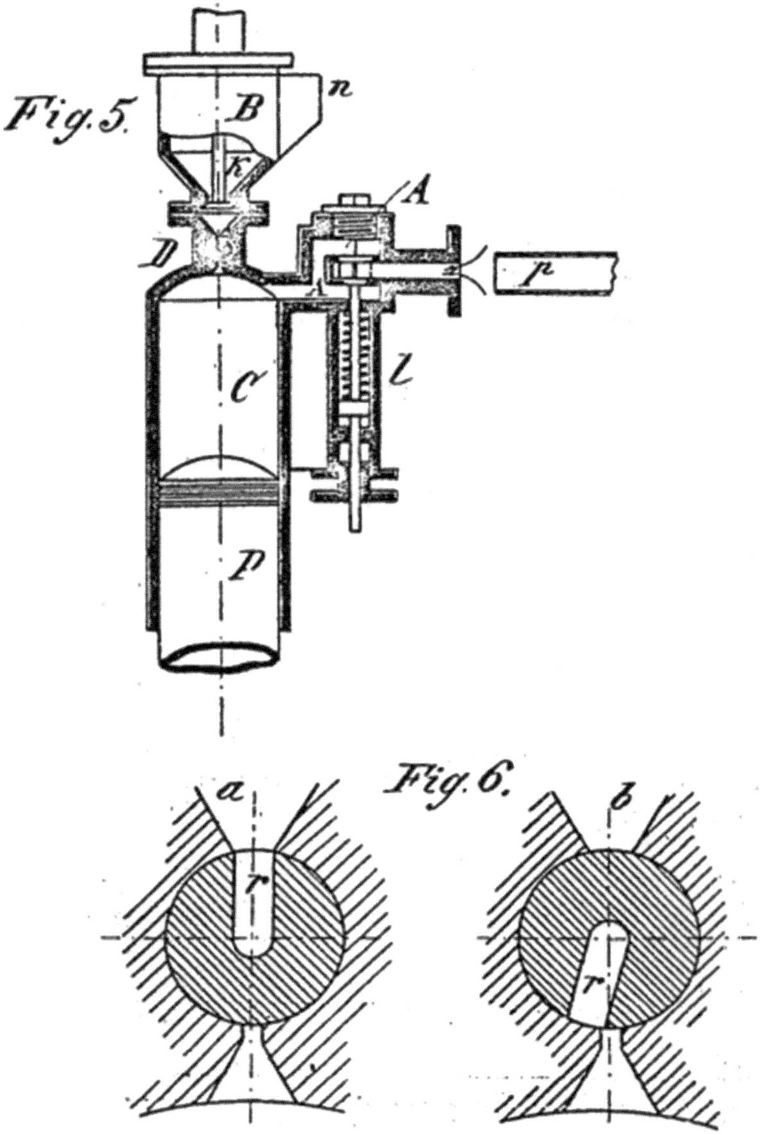

Abb. 3.3 Fig. 5 und 6 der DE67207. (DPMA, https://depatisnet.dpma.de/DepatisNet/depatisnet?action=pdf&docid=DE000000067207A&xxxfull=1, abgerufen am 03.04.2026)

3.4 Strahltriebwerk

Die Entwicklung des Strahltriebwerks bedeutet den Beginn des Jet-Zeitalters in der Luftfahrt. Das Patent GB 347,206, das am 16. April 1931 erteilt wurde, beschreibt eines der ersten Strahltriebwerke der Welt. Der Entwickler Sir Frank Whittle wurde am 1. Juni 1907 geboren und verstarb am 9. August 1996. Whittle gilt als einer der bedeutendsten Luftfahrtpioniere.[10]

Der Hauptanspruch des Patents lautet: „Means for propulsion of the type described, characterised by the feature that the compressor is driven by a turbine, and that the pressure drop on expansion takes place in two stages, the first pressure drop taking place through the nozzles of the turbine, and the second pressure drop taking place through the propelling nozzles."[11]

Abb. 3.4 zeigt in der Fig. 2 den Längsschnitt des Strahltriebwerks, bei dem links in den Abschnitten 1 bis 6 der Kompressor ausgebildet ist, der Luft vorne ansaugt und durch Rotation nach außen schleudert, wodurch die Luft stark verdichtet wird und der Druck ansteigt. Die Brennkammer ist in den Abschnitten 10 und 11 realisiert, wobei eine Düse 11 Treibstoff einspritzt. Das Luft-Treibstoff-Gemisch wird angezündet und dehnt sich explosionsartig aus. Das Verbrennungsgas wird durch eine Turbine geleitet, die dem Gas nur soviel Energie entzieht, dass es zum Antrieb des Kompressors am Anfang des Triebwerks genügt. Das Gas schießt mit enormer Geschwindigkeit aus der Düse 17, wodurch sich nach dem Rückstoßprinzip eine Kraft bzw. ein Impuls auf das Flugzeug nach vorne ergibt.

[10] Wikipedia, https://de.wikipedia.org/wiki/Frank_Whittle, abgerufen am 03.04.2026.

[11] DPMA, https://depatisnet.dpma.de/DepatisNet/depatisnet?window=1&space=main&content=captcha&action=pdf&docid=GB000000347206A&xxxfull=1, abgerufen am 03.04.2026.

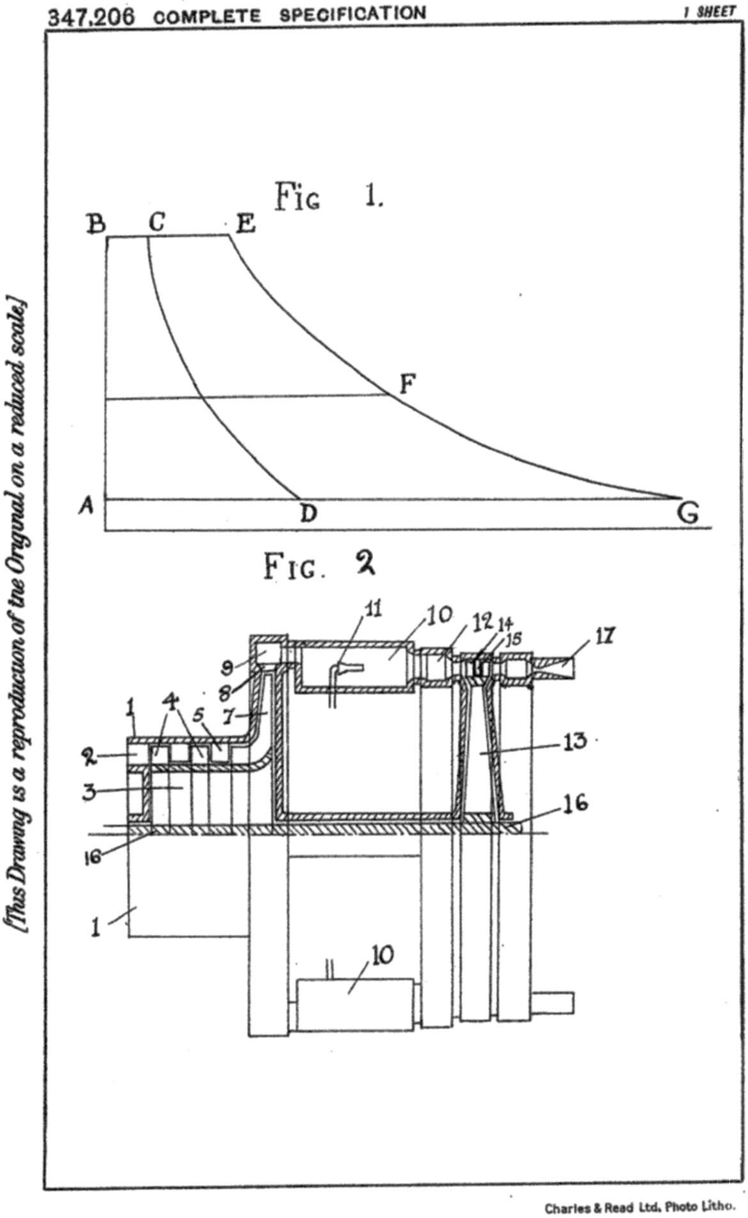

Abb. 3.4 Fig. 1 und 2 der GB347206. (DPMA, https://depatisnet.dpma.de/DepatisNet/depatisnet?action=pdf&docid=GB000000347206A&xxxfull=1, abgerufen am 03.04.2026)

4 Mobilität

Die antike Seidenstraße, die Seewege und die Eisenbahn haben bereits sehr früh Mobilität geschaffen, die zu wirtschaftlichem Aufstieg und kultureller Blüte geführt haben. Der Individualverkehr mit Automobilen bedeutet Freiheit und Unabhängigkeit. Örtliche Beschränkungen können überwunden werden und eine gesellschaftliche Weiterentwicklung wird ermöglicht. Technologien schaffen diese Mobilität, die kulturellen und technischen Aufstieg darstellen, wodurch wiederum noch bessere Möglichkeiten der Mobilität geschaffen werden. Gesellschaftliche Blüte und Technologieentwicklung bedingen sich gegenseitig in einer Aufwärtsspirale.

4.1 Eisenbahn

George Stephenson, geboren am 9. Juni 1781 und gestorben am 12. August 1848, war ein Pionier des Eisenbahnwesens. Er meldete 1815 seine Lokomotive „Rocket" zum Patent an, die sich als erste praxistaugliche Lokomotive herausstellte. Die Konkurrenzprodukte seiner Zeit versagten oft sehr schnell ihren Dienst oder explodierten sogar.[1]

Abb. 4.1 zeigt die Lokomotive „Rocket" von Stephenson. Die Lokomotive von Stephenson wies einige Vorteile auf, beispielsweise, dass der Abdampf aus den Zylindern direkt über den Schornstein abgeleitet wurde, wodurch sich ein Sog aus Frischluft am anderen Ende ergab, der das Feuer im Kessel anfachte. Außerdem erhitzte Stephenson das Wasser nicht durch nur einen einzigen großen Kessel, sondern nutzte eine Vielzahl von kleinen Kesseln, in denen das Wasser zu Dampf erhitzt wurde. Die Fläche zum Erhiten des Wassers wurde dadurch enorm vergrößert und die Leistung deutlich gesteigert.

[1] Wikipedia, https://de.wikipedia.org/wiki/George_Stephenson, abgerufen am 22.03.2026.

T. H. Meitinger, *50 wegweisende Hightech-Patente*,
https://doi.org/10.1007/978-3-662-73667-8_4

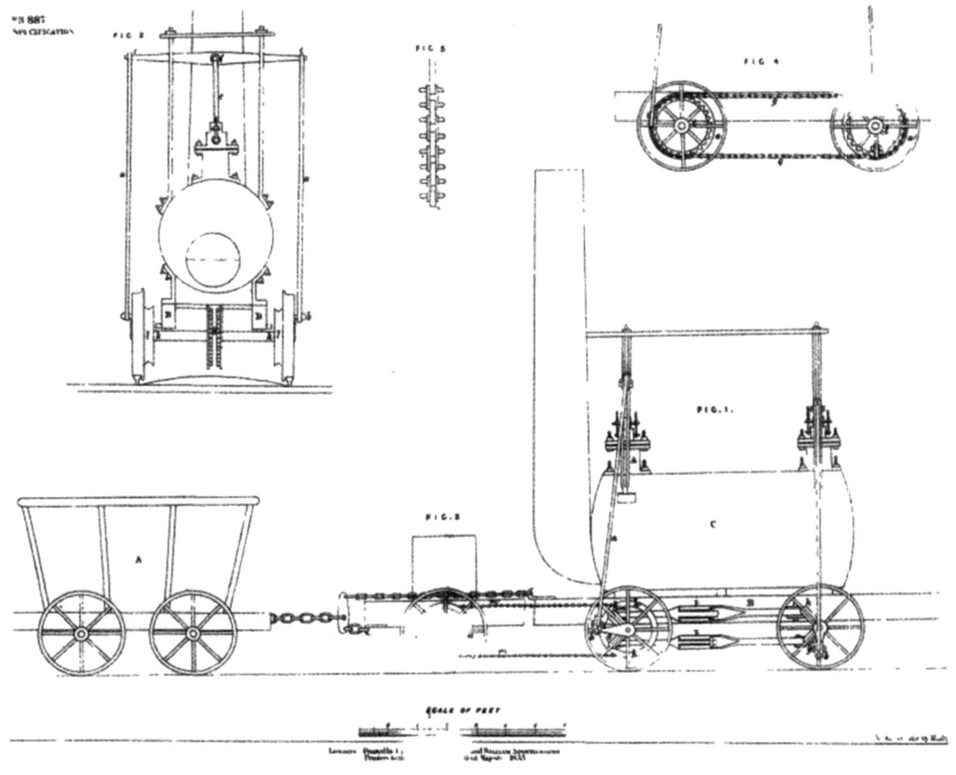

Abb. 4.1 Fig. 1 bis 5 der GB181503887. (DPMA, https://depatisnet.dpma.de/DepatisNet/depatisnet?action=pdf&docid=GB000181503887A&xxxfull=1, abgerufen am 12.01.2026)

4.2 Vulkanisierung von Gummi

Charles Nelson Goodyear, geboren am 29. Dezember 1800 und gestorben am 1. Juli 1860, ist der Erfinder der Vulkanisierung von Gummi.[2] In seinem Patent US 3633, das am 15. Juni 1844 erteilt wurde, beschreibt er die Herstellung von elastischen und haltbaren Reifen.[3] Der Hauptanspruch in seinem Patent lautet: „The combining of the said gum with Sulphur and with white lead, so as to form a triple compound, either in the proportions herein named or in any other within such limits as will produce a like result; and I will here remark that although I have obtained the best results from the carbonate of lead, other salts of lead or the oxides of that metal may be substituted therefor, and will produce

[2] Wikipedia, https://de.wikipedia.org/wiki/Charles_Goodyear, abgerufen am 03.04.2026.

[3] Wikipedia, https://en.wikipedia.org/wiki/Charles_Goodyear#:~:text=For%20other%20people%20named%20Charles,Office%20on%20June%2015%2C%201844., abgerufen am 17.04.2026.

a good effect. I therefore under this head claim the employment of either of the oxides or salts of lead in the place of the white lead in the abovenamed compound.“[4]

In dem Anspruch beansprucht Goodyear die Kombination von Kautschuk mit Schwefel, wobei sich unter Hitzezuführung Schwefelbrücken zwischen den langkettigen Kautschukmolekülen bilden, wodurch sich ein elastischer und dauerhafter Gummi ergibt.

Die Erfindung von Goodyear gelang durch Zufall. Eine Schwefel-Kautschuk-Mischung fiel auf eine heiße Herdplatte. Durch die Erhitzung entstand der ersehnte langlebige und feste Gummi. Goodyear war als Geschäftsmann erfolglos. Jahrzehnte nach seinem Tod nannten Frank und Charles Seiberling ihr Unternehmen zu Ehren von Goodyear „Goodyear Tire & Rubber Company“, wodurch die heutige Bekanntheit von Charles Goodyear begründet ist.[5]

4.3 Automobil

Das Patent DE 37435, das am 29. Januar 1886 erteilt wurde, trägt den Titel „Fahrzeug mit Gasmotorenbetrieb“ und beschreibt das erste praxistaugliche Automobil. Sein Erfinder Carl Friedrich Benz wurde am 25. November 1844 geboren und ist am 4. April 1929 verstorben.[6]

Abb. 4.2 zeigt in der Fig. 1 eine Seitenansicht des Automobils von Carl Benz mit den großen Speichenrädern und dem Motor am Heck des Fahrzeugs. Mit dem Steuerhebel 9 wurde das Fahrzeug gestartet und wieder abgebremst. Die Fig. 2 zeigt das horizontal gelagerte Schwungrad, mit dem der Antrieb durch den Motor verstetigt wird. Der Motor kann nur in einem Viertel der Zeit Leistung erbringen. In den Takten „Ansaugen“, „Verdichten“ und „Ausstoßen“ wird keine Leistung durch den Motor zur Verfügung gestellt. Ohne Schwungrad ergäbe sich daher ein „holpriger“ Antrieb des Fahrzeugs. Die Leistung des Motors wird dazu genutzt, das Schwungrad in Rotation zu versetzen, wodurch kinetische Energie gespeichert wird. Die kinetische Energie kann kontinuierlich abgegeben werden, wodurch die Leistungsabgabe verstetigt wird und sich ein ruhiger Bewegungsablauf des Automobils ergab.

---

[4] DPMA, https://depatisnet.dpma.de/DepatisNet/depatisnet?action=pdf&docid=US000000003633A&xxxfull=1, abgerufen am 22.03.2026.

[5] Wikipedia, https://de.wikipedia.org/wiki/Charles_Goodyear, abgerufen am 18.04.2026.

[6] DPMA, https://de.wikipedia.org/wiki/Carl_Benz, abgerufen am 03.04.2026.

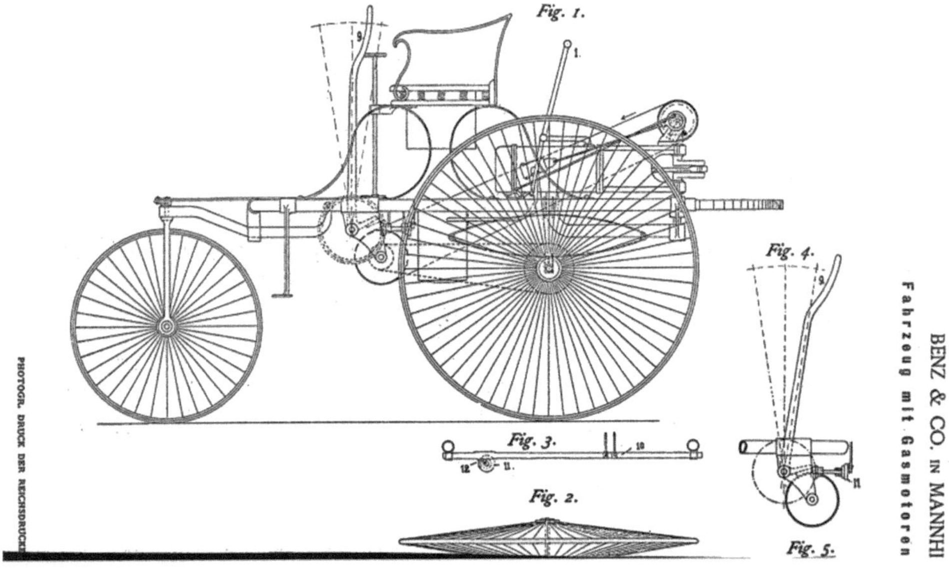

Abb. 4.2 Fig. 1 bis 5 der DE37435. (DPMA, https://depatisnet.dpma.de/DepatisNet/depatisnet?action=pdf&docid=DE000000037435A&xxxfull=1, abgerufen am 12.01.2026)

4.4 Flugzeug

Das Patent US 821393 der Brüder Wright (Wilbur Wright, geboren am 16. April 1867 und gestorben am 30. Mai 1912, und Orville Wright, geboren am 19. August 1871 und gestorben am 30. Januar 1948) wurde am 22. Mai 1906 erteilt.[7] Die Patentschrift beschreibt eine „Flying Machine". Das Besondere an der Flugmaschine war die Drei-Achsen-Steuerung mit der ein stabiles Fliegen im dreidimensionalen Raum ermöglicht wird und nach deren Prinzip bis heute die Steuerung der modernen Flugzeuge erfolgt. Durch eine Verwindung der Flügel konnte sich das Flugzeug um seine Längsachse nach rechts oder links neigen und damit eine Kurve fliegen. Mit einem Neigen entlang der Querachse durch Absenken oder Anheben der Nase des Flugzeugs konnte das Steigen oder Niedergehen des Flugzeugs eingeleitet werden. Außerdem besaß das Flugzeug ein Seitenruder zur Stabilisierung des Kurvenflugs.

Ein Neigen um die Längsachse („Rollen") führt zu einer stabilen Flugsituation für einen Kurvenflug. Hierdurch können Kurven deutlich sicherer geflogen werden im Vergleich zum alleinigen Nutzen eines Seitenruders. Seitenruder dienen allenfalls zur Feinkorrektur, insbesondere zur Unterstützung des Kurvenflugs. Damalige Flugzeuge, die für eine Neigung um die Längsachse nicht ausgelegt waren, stürzten im Kurvenflug oft ab.

[7] Wikipedia, https://de.wikipedia.org/wiki/Br%C3%BCder_Wright, abgerufen am 03.04.2026.

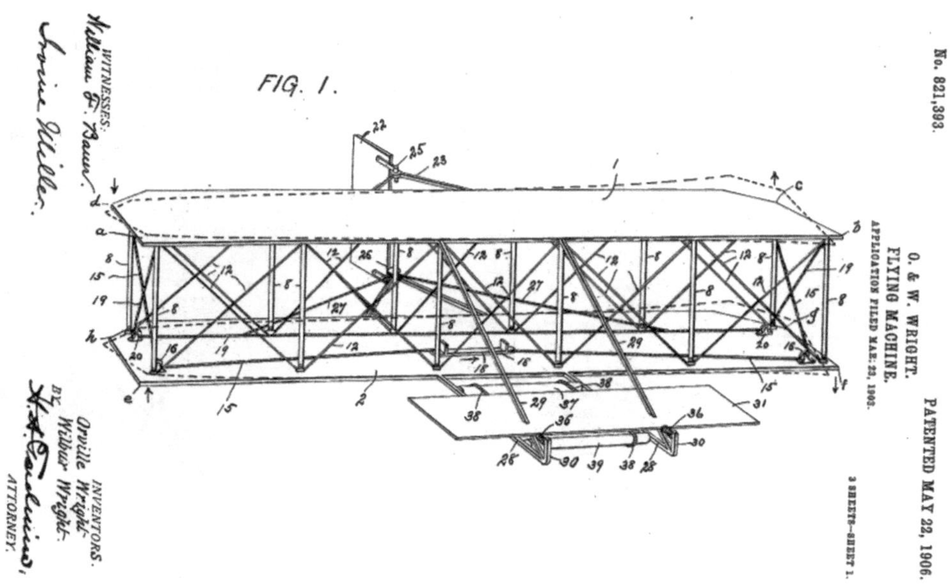

Abb. 4.3 Fig. 1 der US821393. (DPMA, https://depatisnet.dpma.de/DepatisNet/depatisnet?action=pdf&docid=US000000821393A&xxxfull=1, abgerufen am 12.01.2026.)

Abb. 4.3 zeigt den Doppeldecker der Brüder Wright mit den Tragflächen 1 und 2, die durch Steuerdrähte 15 und 19 verformt werden, sodass der Auftrieb an einer Seite geringer im Vergleich zur gegenüberliegenden Seite ist und sich eine Neigung um die Längsachse einstellt. Außerdem umfasst die Flugmaschine ein Höhenruder 31 mit dem ein Aufsteigen bzw. Absenken eingeleitet wird. Im Gegensatz zu heutigen Flugzeugen, war das Höhenruder der Brüder Wright vorne und nicht am Heck angeordnet. Das Seitenruder 22 dient zur Stabilisierung eines Kurvenflugs, wobei der Kurvenflug insbesondere durch die Flügelverwindung erzielt wurde.

4.5 Hubschrauber

Das Patent US 1,994,488, das am 19. März 1935 erteilt wurde, stammt von dem Luftfahrtpionier Igor Iwanowitsch Sikorski, der am 25. Mai 1889 geboren wurde und am 26. Oktober 1972 gestorben ist.[8] Die technische Lehre des Patents beschreibt den ersten modernen Hubschrauber. Das Patent weist bereits den typischen großen Hauptrotor für den Auftrieb und den kleinen vertikalen Heckrotor zur Stabilisierung des Hubschraubers auf, um eine Rotation des Hubschrauberkörpers entgegen der Rotationsrichtung des Hauptrotors zu verhindern.

[8] Wikipedia, https://de.wikipedia.org/wiki/Igor_Iwanowitsch_Sikorski, abgerufen am 03.04.2026.

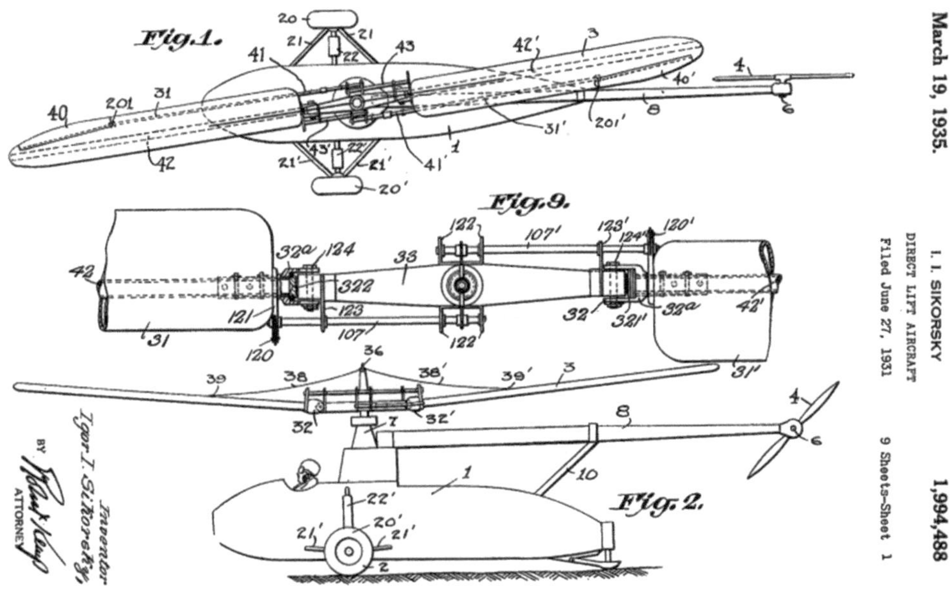

Abb. 4.4 Fig. 1, 2 und 9 der US1994488. (DPMA, https://depatisnet.dpma.de/DepatisNet/depatisnet?action=pdf&docid=US000001994488A&xxxfull=1, abgerufen am 12.01.2026.)

Abb. 4.4 zeigt in der Fig. 1 eine Draufsicht mit dem Hauptrotor 3. Der vertikal angeordnete Heckrotor 4 ist am äußersten Ende des Hubschraubers angeordnet. Ansonsten müsste der Heckrotor 4 größer ausgelegt werden. Die Räder 20 und 20' ragen weit nach außen, um beim Start und der Landung einen sicheren Halt zu gewähren. Fig. 2 bietet eine Seitenansicht, wobei der langgestreckte Heckausleger mit dem kleinen Heckrotor 4 dargestellt ist. Fig. 9 zeigt eine Detaildarstellung des Rotorkopfs.

5 Elektronik

Mit Elektronik können Steuerungen aufgebaut werden, sodass eine Kombination mit der Mechanik zu leistungsfähigen Maschinen führt. Die Mechanik stellt dabei die Muskelkraft dar und die Elektronik leistet die Denkarbeit. Eine elektronische Schaltung kann aufgebaut werden, wenn ein Elektronenfluss gesteuert werden kann. Ein Basiselement dazu ist die Diode, die einen Stromfluss nur in eine Richtung zulässt. Ein weiteres Basiselement ist der Transistor, der einen Elektronenfluss gezielt ein- und ausschalten kann. Die Bauteile der Elektronik haben eine konstante Miniaturisierung erfahren, sodass auf einem immer kleineren Raum immer komplexere Berechnungen möglich sind. Das Endergebnis dieser Entwicklung sind die integrierten Schaltungen und vor allem die Mikroprozessoren.

5.1 Vakuumdiode

John Ambrose Fleming, geboren am 29. November 1849 und gestorben am 18. April 1945, ist der Erfinder der Vakuumdiode.[1] Die Vakuumdiode war das erste elektronische Bauelement, das einen Stromfluss nur in eine Richtung zuließ. Ein Stromfluss in die entgegen gesetzte Richtung sperrt die Diode. Für Elektronen stellt eine Diode eine Einbahnstraße dar.

Der Hauptanspruch des Patents US 803,684, das am 7. November 1905 erteilt wurde, lautet: „The combination of a vacuous vessel, two conductors adjacent to but not touching each other in the vessel, means for heating one of the conductors, and a circuit outside the vessel connecting the two conductors."[2]

[1] Wikipedia, https://de.wikipedia.org/wiki/John_Ambrose_Fleming, abgerufen am 3.4.2026.

[2] DPMA, https://depatisnet.dpma.de/DepatisNet/depatisnet?action=pdf&docid=US000000803684A&xxxfull=1, abgerufen am 23.03.2026.

T. H. Meitinger, *50 wegweisende Hightech-Patente*,
https://doi.org/10.1007/978-3-662-73667-8_5

Bei der Vakuumdiode von Fleming wird ein Draht stark erhitzt, wodurch dem Draht eine hohe Energie zugeführt wird. Diese hohe Energie führt dazu, dass Elektronen aus dem Draht geschleudert werden und um den Draht eine „Elektronenwolke“ bilden. Nur die leichten Elektronen können die Atome verlassen, sodass die „Wolke“ um den Draht nur aus negativen Ladungsträgern besteht. Liegt gegenüber der Elektronenwolke eine positive Spannung, werden die Elektronen angezogen und ein Stromfluss ergibt sich. Liegt gegenüber der Elektronenwolke eine negative Spannung werden die Elektronen nicht angezogen und kein Strom ergibt sich. Auf diese Weise wird bei einer ersten Spannung ein Stromfluss zugelassen und bei der umgekehrten Spannung ein Stromfluss verhindert, wodurch sich eine Diodenfunktion ergibt.

Abb. 5.1 zeigt in der Fig. 1 die Diode, wobei mit einer Gleichspannung h ein Strom durch den Draht b geleitet wird, der dadurch erhitzt wird. Durch die Erhitzung bildet sich eine Wolke von frei geschleuderten Elektronen um den Draht b. Eine Primärspule m induziert in eine Sekundärspule k eines Transformators eine Spannung. Führt diese induzierte Spannung dazu, dass an dem Punkt d eine positive Spannung liegt, ergibt sich ein Stromfluss. Ist an dem Punkt d eine negative Spannung sperrt die Vakuumdiode. Die Fig. 3 zeigt eine Parallelschaltung von drei Vakuumdioden, wodurch der gleichgerichtete Strom verstärkt wird.

5.2 Transistor

Das Patent US 2,524,035, das am 3. Oktober 1950 erteilt wurde, beschreibt den ersten funktionsfähigen Transistor. In dem Patent US 2,569,347, das am 25. September 1951 erteilt wurde, wird eine bedeutsame Weiterentwicklung des Transistors offenbart.

Der Hauptanspruch des Patents US 2,524,035 lautet: „A circuit element which comprises a block of semiconductive material of which the body is of one conductivity type and a thin surface layer is of the opposite conductivity type, an emitter electrode making contact with said layer, a collector electrode making contact with said layer disposed to collect current spreading from said emitter electrode, and a base electrode making contact with the body of the block.“[3]

In dem Anspruch wird die typische Struktur des Transistors mit Kollektor, Emitter und steuernder Basis beschrieben. Ein Transistor kann auf zwei unterschiedlichen Methoden verwendet werden. Ein Transistor kann als Schalter oder als Verstärker genutzt werden.

Abb. 5.2 zeigt die Grundschaltung eines npn-Transistors, wobei eine hohe positive Spannung an der Basis dazu führt, dass der Transistor durchgeschaltet ist und die Kontakte Kollektor und Emitter kurzgeschlossen sind. In diesem Fall ist die Spannung U_{KE} gleich Null und die Spannung $U_{Versorgung}$ liegt am Verbraucher. Der Verbraucher wird mit elektrischer Energie versorgt. Liegt an der Basis eine negative Spannung, sperrt der Transistor

[3] DPMA, https://depatisnet.dpma.de/DepatisNet/depatisnet?action=pdf&docid=US000002524035A&xxxfull=1, abgerufen am 23.03.2026.

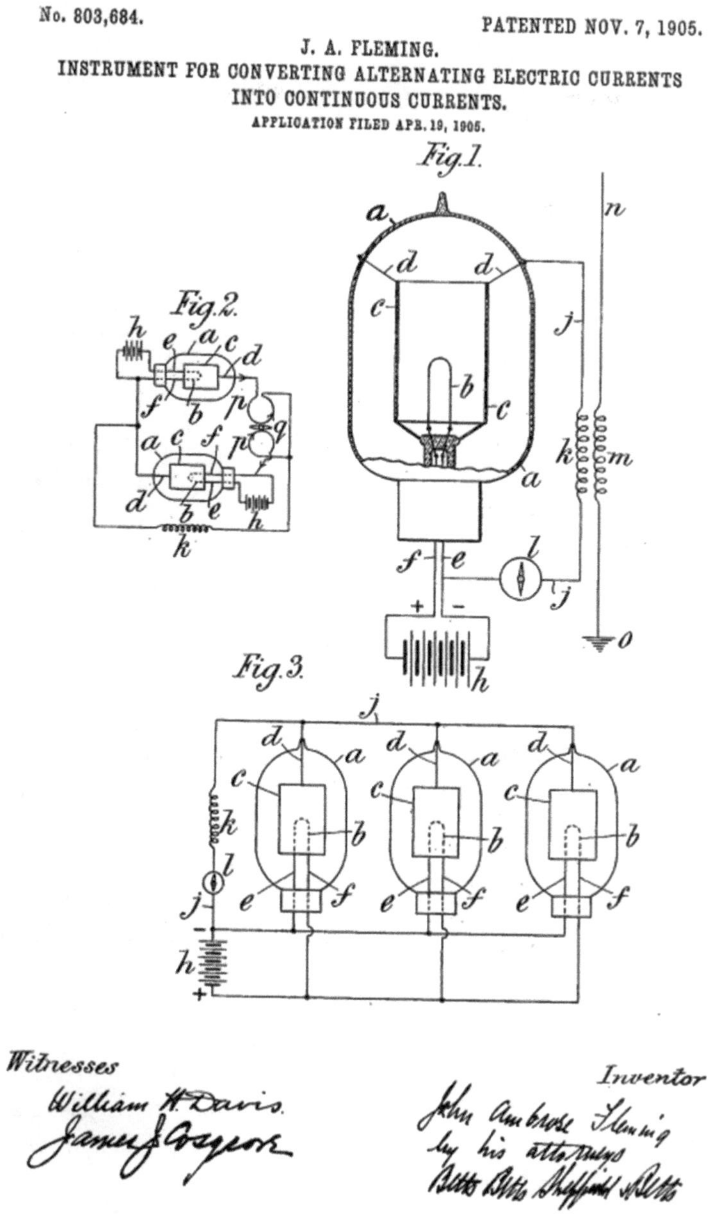

Abb. 5.1 Fig. 1, 2 und 3 der US803684. (DPMA, https://depatisnet.dpma.de/DepatisNet/depatisnet?action=pdf&docid=US000000803684A&xxxfull=1, abgerufen am 23.03.2026)

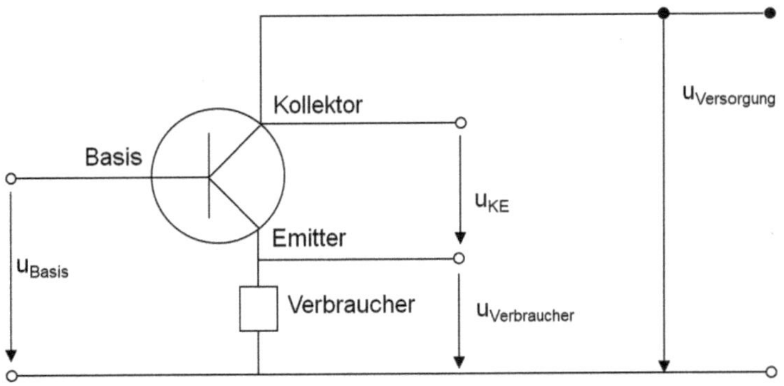

Abb. 5.2 Grundschaltung npn-Transistor

und die Spannung U_{KE} entspricht der Spannung $U_{Versorgung}$. Am Verbraucher liegt keine Spannung und die Spannung $U_{Verbraucher}$ ist Null. Hierdurch ergibt sich die Schalterfunktion.

Eine Verstärkerfunktion eines Transistors kann dadurch erreicht werden, dass eine positive Spannung an der Basis angelegt wird, die nicht zu einer Sättigung führt. In diesem Fall wird die Strecke Kollektor-Emitter nicht voll durchgeschaltet und es fällt eine Spannung U_{KE} über der Kollektor-Emitter-Strecke ab, die größer als Null ist und kleiner als die Spannung $U_{Versorgung}$. Wird die Spannung an der Basis erhöht, wird die Spannung U_{KE} kleiner. Wird die Spannung an der Basis kleiner gewählt, ist die Strecke Kollektor-Emitter weniger durchgeschaltet und die Spannung U_{KE} wird größer. Die Spannung $U_{Verbraucher}$ am Verbraucher ergibt sich als Differenz von $U_{Versorgung}$ abzüglich U_{KE}. Ist die Spannung U_{KE} hoch, ist daher die Spannung $U_{Verbraucher}$ niedrig und andersherum. Auf diese Weise kann die elektrische Energie, die dem Verbraucher zur Verfügung gestellt wird, variiert werden. Ist der Verbraucher beispielsweise ein Leuchtmittel, kann es auf diese Weise gedimmt werden.

Abb. 5.3 zeigt in der Fig. 1A die räumliche Ausgestaltung des Transistors. Der Nachteil des ersten Transistors ist seine klobige räumliche Ausdehnung, sodass er für eine Miniaturisierung nicht geeignet ist.

Das Patent US 2,569,347, das am 25. September 1951 erteilt wurde, ist eine bedeutende Weiterentwicklung des ursprünglichen Transistors durch den Physik-Nobelpreisträgers William Bradford Shockley, geboren am 13. Februar 1910 und gestorben am 12. August 1989.[4] Das Patent offenbart einen flächig ausgeformten Transistor, sodass eine Miniaturisierung ermöglicht wird. Shockley erhielt für seine Forschertätigkeiten zur Entwicklung des Transistors 1956 den Nobelpreis für Physik.[5]

Abb. 5.4 zeigt die Weiterentwicklung des Transistors, wobei insbesondere die flächige Ausführung auffällt, die eine Miniaturisierung in einem Mikrochip erlaubt.

Der Hauptanspruch des Patents lautet: „A solid conductive device for controlling electrical energy that comprises a body of semiconductive material having two zones of

[4] Wikipedia, https://de.wikipedia.org/wiki/William_Bradford_Shockley, abgerufen am 04.04.2026.

[5] Wikipedia, https://de.wikipedia.org/wiki/William_Bradford_Shockley, abgerufen am 18.04.2026.

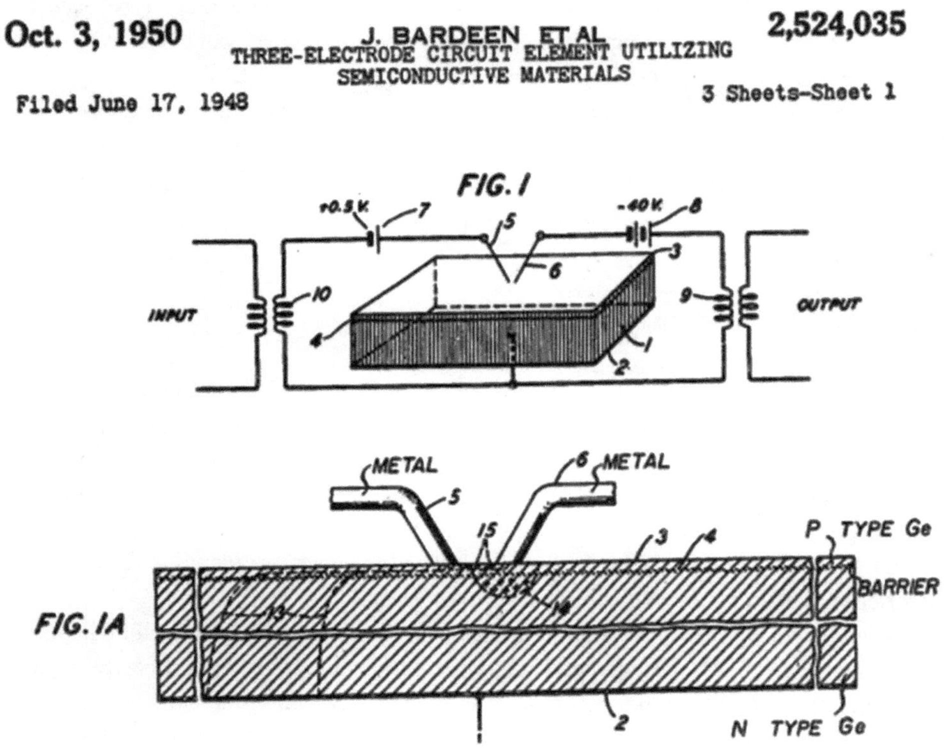

Abb. 5.3 Fig. 1 und 1A der US2524035. (DPMA, https://depatisnet.dpma.de/DepatisNet/depatisnet?action=pdf&docid=US000002524035A&xxxfull=1, abgerufen am 23.03.2026)

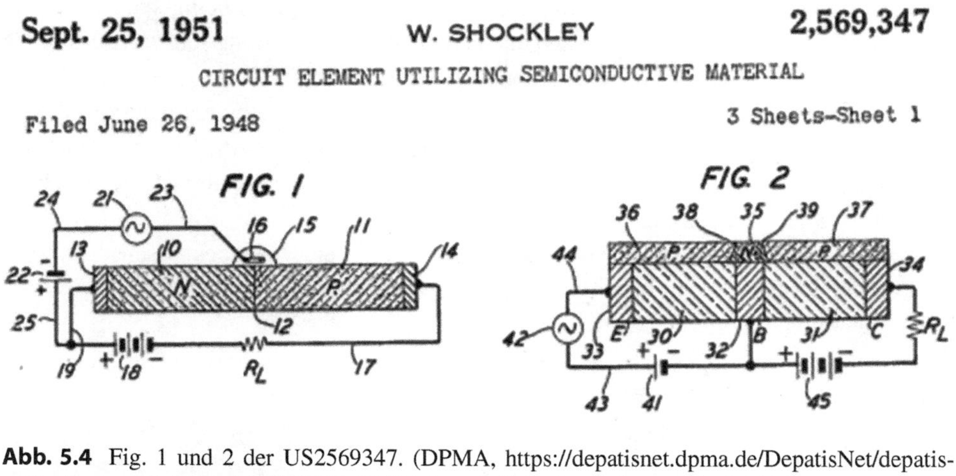

Abb. 5.4 Fig. 1 und 2 der US2569347. (DPMA, https://depatisnet.dpma.de/DepatisNet/depatisnet?action=pdf&docid=US000002569347A&xxxfull=1, abgerufen am 23.03.2026)

one conductivity type separated by a zone of the opposite conductivity type, said two zones being contiguous with opposite faces of said zone of opposite conductivity type, and means for making electrical connection to each zone.“[6]

In dem Anspruch werden verschiedene Zonen beschrieben, die in dem Halbleitermaterial integriert sind, sodass auf raumgreifende Elemente verzichtet werden kann. Alle erforderlichen Elemente eines Transistors werden daher in dem Halbleitermaterial untergebracht, wodurch sich die kompakte Bauform ergibt.

5.3 Integrierte Schaltung

Der Erfinder Jack St. Clair Kilby, geboren am 8. November 1923 und gestorben am 20. Juni 2005, ist der Erfinder des Mikrochips.[7] Der Mikrochip umfasst ein gemeinsames Halbleitermaterial, auf dem mehrere elektronische Bauteile angeordnet sind, wodurch sich eine Integrierte Schaltung ergibt. Durch diese Erfindung wurde ein weiterer entscheidender Schritt zur Miniaturisierung getan.

Jack St. Clair Kilby war ein US-amerikanischer Ingenieur, der für seine Erfindung der integrierten Schaltung den Nobelpreis für Physik erhielt.

In dem Patent US 3,138,743, das am 23. Juni 1964 erteilt wurde, beschreibt Kilby seine Integrierte Schaltung. Der Hauptanspruch lautet: „In an integrated circuit having a plurality of electrical circuit components in a wafer of single-crystal semiconductor material, a plurality of junction transistors defined in the wafer, each transistor including thin layers of semiconductor material of opposite conductivity-types adjacent one major face of the wafer providing a base and an emitter region which overlie a collector region, the base-emitter and base-collector junctions of each of said transistors extending wholly to said one major face, a plurality of thin elongated regions of the wafer exhibiting substantial resistance to provide semiconductor resistors, the elongated regions being spaced on said one major face from the transistors, and conductive means connecting selected ones of the elongated regions to regions of selected ones of the transistors.“[8]

Der Anspruch beschreibt einen Wafer aus einkristallinem Halbleitermaterial, in dem mehrere Zonen, Übergänge und Bereiche ausgebildet sind, sodass eine Vielzahl von Transistoren und Widerstände ausgeformt werden. Ein Wafer ist eine dünne Scheibe aus Halbleitermaterial zur Herstellung von Mikrochips.

Abb. 5.5 zeigt in der Fig. 8a ein Halbleitermaterial in einer perspektivischen Darstellung und in der Fig. 8b und 8c, dass in dem Halbleitermaterial eine Vielzahl an elektronischen Bauteilen integriert sind.

[6] DPMA, https://depatisnet.dpma.de/DepatisNet/depatisnet?action=pdf&docid=US000002569347 A&xxxfull=1, abgerufen am 23.03.2026.

[7] Wikipedia, https://de.wikipedia.org/wiki/Jack_Kilby, abgerufen am 04.04.2026.

[8] DPMA, https://depatisnet.dpma.de/DepatisNet/depatisnet?action=pdf&docid=US000003138743 A&xxxfull=1, abgerufen am 23.03.2026.

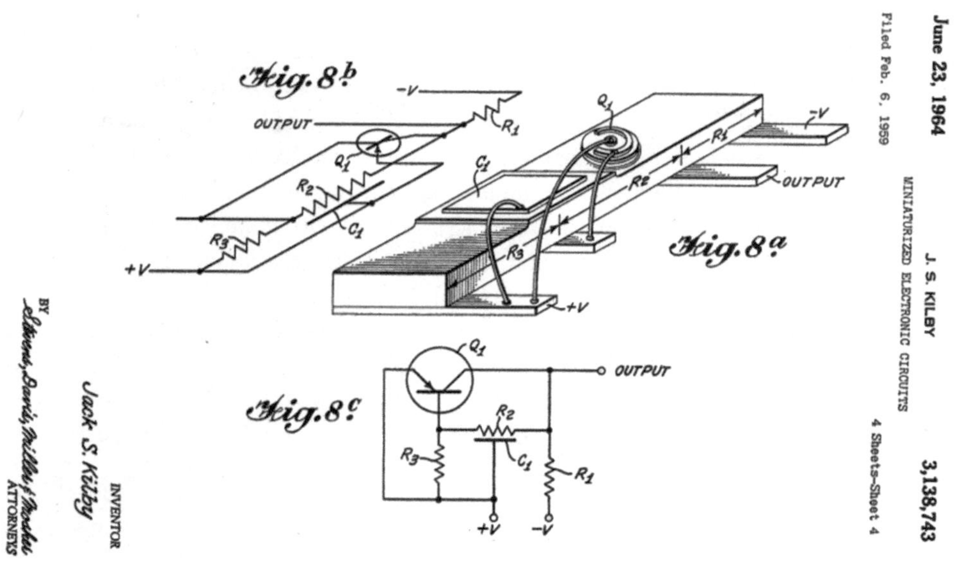

Abb. 5.5 Fig. 8a, 8b und 8c der US3138743. (DPMA, https://depatisnet.dpma.de/DepatisNet/depatisnet?action=pdf&docid=US000003138743A&xxxfull=1, abgerufen am 23.03.2026.)

5.4 Mikroprozessor

Das Patent US 3,821,715, das am 28. Juni 1974 erteilt wurde, beschreibt einen kompletten Computer auf einem Halbleitermaterial. Der Hauptanspruch lautet: „A general purpose digital computer comprising:

a central processor disposed on a first semiconductor chip;
a plurality of bidirectional data bus lines;
at least a separate first and second semiconductor memory chip each defining a memory and each including a chip decoding circuit for recognizing a different predetermined code on said bidirectional data bus lines and for activating a portion of said memory upon receipt of said predetermined code, said data bus lines interconnecting said processor and said first and second memory chips for communicating said different predetermined codes from said processor to at least one of said first and second memory chips and for communicating data signals for one of said first and second memory chips to said processor;
whereby said processor may communicate signals to said first and second memory chips and said decoding circuits shall determine which memory is being addressed.“[9]

[9] DPMA, https://depatisnet.dpma.de/DepatisNet/depatisnet?action=pdf&docid=US000003821715A&xxxfull=1, abgerufen am 23.03.2026.

Die Erfinder des Patents US 3,821,715 sind Marcian Edward Hoff, Jr., geboren am 28. Oktober 1937,[10] Stanley Manor und Federico Faggin, geboren am 1. Dezember 1941.[11] Hoff hatte die entscheidende Idee für die Entwicklung des weltweit ersten Mikroprozessors Intel 4004. Es war der Startschuss für die Erfolgsgeschichte der Firma Intel, die heute über 85 Tausend Mitarbeiter hat.[12] Hoff war noch der zwölfte Mitarbeiter von Intel.

Der Anspruch beschreibt einen Computer für beliebige Anwendungen mit einem Zentralprozessor, Decodierelementen, Speichern und Datenbusleitungen. Die Hardware kann für beliebige Verwendungen genutzt werden, wobei die konkrete Anwendungssteuerung durch die Software erfolgt, die auf dem Mikroprozessor läuft.

Abb. 5.6 zeigt einen Computer mit Steuer- und Recheneinheit, Speicherelementen und Ports, die auf einem Halbleitermaterial bzw. Chip angeordnet sind. Hierdurch kann das Bauteil eine beliebige Software abarbeiten und es ist nicht notwendig, dass eine Logik durch diskrete Bauteile realisiert wird. Dieselbe Hardware kann daher für beliebige Anwendungen eingesetzt werden.

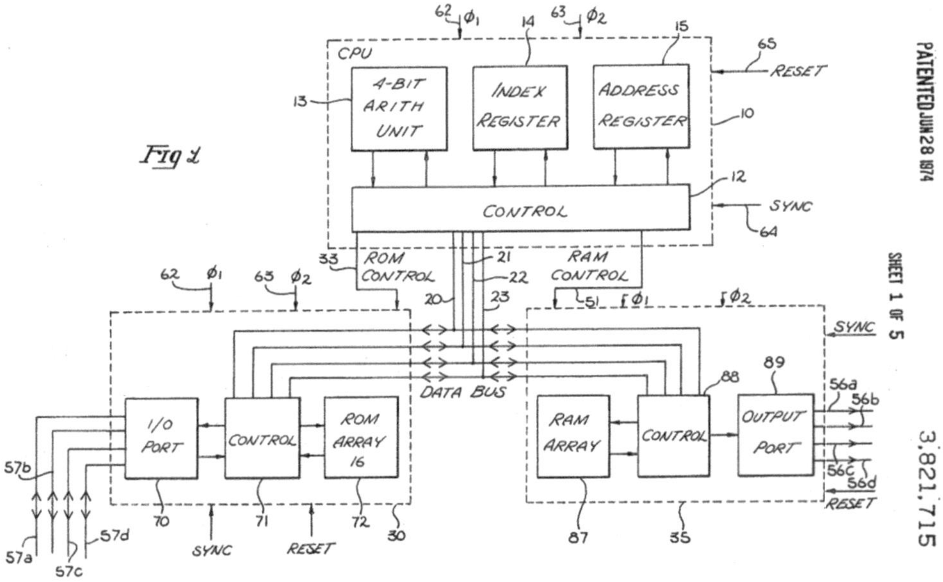

Abb. 5.6 Fig. 1 der US3821715. (DPMA, https://depatisnet.dpma.de/DepatisNet/depatisnet?action=pdf&docid=US000003821715A&xxxfull=1, abgerufen am 23.3.2026)

[10] Wikipedia, https://en.wikipedia.org/wiki/Marcian_Hoff#:~:text=Hoff%20received%20a%20bachelor's%20degree,from%20Busicom%20defined%20the%20logic., abgerufen am 18.04.2026.

[11] Wikipedia, https://en.wikipedia.org/wiki/Federico_Faggin, abgerufen am 18.04.2026.

[12] Wikipedia, https://en.wikipedia.org/wiki/Intel, abgerufen am 18.04.2026.

5.5 Flüssigkristalldisplay

Richard Williams, geboren am 5. August 1927 und gestorben am 28. April 2020, war ein Pionier der Flüssigkristalldisplays (LCD).[13] In dem Patent US 3,322,485, das am 30. Mai 1967 erteilt wurde, wird seine grundlegende Erfindung beschrieben. Der Hauptanspruch lautet: „An electro-optical display device comprising two spaced plates, the first said plate being transparent, the second said plate being reflecting;

at least one transparent electrically conductive film on one face of said first plate;
at least one electrically conductive film on one face of said second plate;
said two plates being spaced with said faces bearing said conductive films adjacent and parallel and less than 500 microns apart;
electrically conductive leads attached to said conductive films on said first and second plates;
an organic nematic mesomorphic compound filling the space between said two plates, said compound having a threshold electric field which when exceeded causes said compound to scatter light;
means for applying a voltage gradient between said leads to establish between said conductive films on said first and second plates an electric field which exceeds said threshold field; and,
a light source and means for directing unpolarized collimated light rays from said source through said first plate and said compound toward said second plate, said rays making an incident angle of less than 45° to said first plate.“[14]

In dem Anspruch wird die elektrooptische Anzeigeeinheit mit zwei parallel angeordneten Platten beschrieben, zwischen denen eine organische nematische mesomorphe Schicht angeordnet ist, deren einzelne Elemente durch eine Spannung in ihrer Orientierung beeinflusst wird.

Eine organische nematische mesomorphe Substanz besteht aus langen, stabförmigen Molekülen, wobei die Moleküle im Ruhezustand in dieselbe Richtung weisen. Die Substanz befindet sich außerdem in einem Zwischenzustand von fest und flüssig. Das Besondere an dieser Substanz ist, dass die Ausrichtung der stabförmigen, langgestreckten Moleküle durch eine Spannung in „Unordnung“ gebracht werden kann.

---

[13] Wikipedia, https://de.wikipedia.org/wiki/George_H._Heilmeier, abgerufen am 04.04.2026.

[14] DPMA, https://depatisnet.dpma.de/DepatisNet/depatisnet?action=pdf&docid=US000003322485A&xxxfull=1, abgerufen am 23.03.2026.

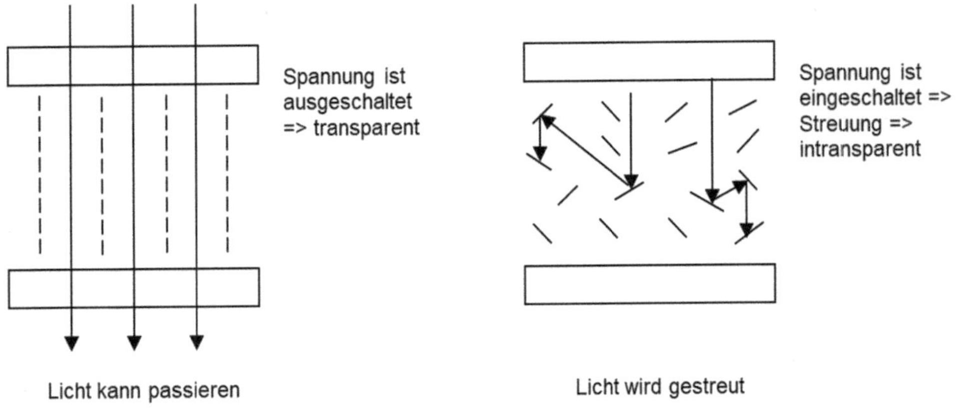

Abb. 5.7 Funktionsprinzip Flüssigkristalldisplay

Abb. 5.7 zeigt das Funktionsprinzip des Flüssigkristalldisplays mit den beiden parallelen Platten zwischen denen eine Schicht aus organischer nematischer mesomorpher Substanz angeordnet ist. Vor dem Anlegen einer Spannung sind die Moleküle gleich ausgerichtet und Lichtstrahlen können durch die Schicht ungehindert hindurch treten. Nach dem Anlegen der Spannung geraten die langgestreckten Moleküle in Unordnung und die Lichtstrahlen werden innerhalb der Schicht hin- und her-reflektiert. Ohne Spannung wird der entsprechende Bereich silbrig und mit Spannung wird er dunkel, sodass für die einzelnen angesteuerten Bereiche eine unterschiedliche Farbgebung, hell oder dunkel, durch Anlegen einer Spannung erzielt wird. Hierdurch können Zahlen und Buchstaben abgebildet werden.

Abb. 5.8 zeigt in den Fig. 1a und 1b das Prinzip der Reflexion und in der Fig. 2 das der Transmission.

Der besondere Vorteil der Flüssigkristalldisplays ist ihre flache Bauweise und dass nur sehr geringe Ströme erforderlich sind. Eine leistungsarme Ansteuerung ist daher möglich. Die Flüssigkristalldisplays werden für Digitalarmbanduhren, Taschenrechner und Anzeigen von elektronischen Steuerungen genutzt.

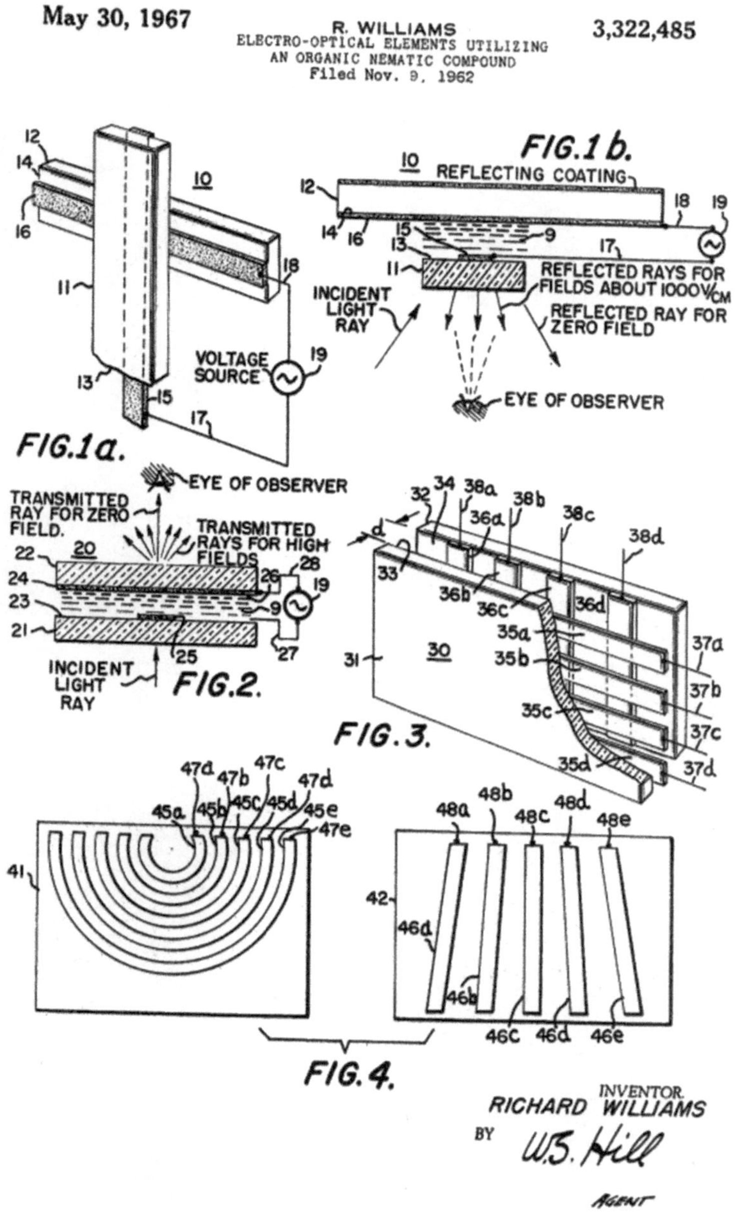

Abb. 5.8 Fig. 1a, 1b, 2, 3 und 4 der US3322485. (DPMA, https://depatisnet.dpma.de/DepatisNet/depatisnet?action=pdf&docid=US000003322485A&xxxfull=1, abgerufen am 23.3.2026)

6 Computer

Die Entwicklung der Computertechnik zeichnet sich dadurch aus, dass zunächst rein mechanische Rechenmaschinen durch elektronische Schaltungen ersetzt und diese schließlich zu einem Netzwerk zusammengefasst wurden. Der nächste große Sprung der Computertechnik wird die Entwicklung von kommerziell nutzbaren Quantencomputern sein.

Herkömmliche Computer verarbeiten Daten nacheinander und führen daher jede Berechnung seriell aus. Quantencomputer wenden die Effekte der Superposition und Verschränkung an, wodurch in dem Computer gleichzeitig beliebig viele Berechnungen durchgeführt werden können. Ein Quantencomputer ist im Vergleich zu einem herkömmlichen Computer wie ein Ferrari zu einem Ochsenkarren. Quantencomputer sind genau das, was eine Künstliche Intelligenz benötigt: eine Rechenmaschine, die mit einer riesigen Datenmenge sehr schnell Berechnungen vornehmen kann.

6.1 Lochkarte

Die Lochkarte war das erste Medium zur dauerhaften Datenspeicherung. Eine Lochkarte ist ein Streifen Karton, bei dem an bestimmten Positionen abgefragt wird, ob ein Loch vorhanden ist oder nicht. Ist an dieser Postion ein Loch, entspricht dies beispielsweise einem „ja“ oder „1“. Ist an derselben Position kein Loch, wird dies beispielsweise als „nein“ oder „0“ interpretiert. Bereits 1805 wurden Lochkarten zur Steuerung von Webstühlen eingesetzt. Die sogenannten Jacquardwebstühle wurden vom französischen Seidenweber Joseph-Marie Jacquard, geboren 1752 und gestorben 1834, entwickelt.[1] Lochkarten wurden bis in die 1970er-Jahre verwendet, wobei sich in den 1960er-Jahre das

[1] Wikipedia, https://de.wikipedia.org/wiki/Joseph-Marie_Jacquard, abgerufen am 04.04.2026.

T. H. Meitinger, *50 wegweisende Hightech-Patente*,
https://doi.org/10.1007/978-3-662-73667-8_6

Ende ihrer Verwendung bereits abzeichnete. Lochkarten waren daher während mehr als 80 Jahren das wichtigste und zweitweise das einzige Speichermedium für Daten.

Hermann Hollerith, geboren am 29. Februar 1860 und gestorben am 17. November 1929, entwickelte ein Verfahren zur effizienten Volkszählung in den USA, wobei er Lochkarten einsetzte.[2] Seine Erfindung beschrieb er in dem Patent US 395,782, das am 8. Januar 1889 erteilt wurde. Hollerith legte mit seiner Erfindung den Grundstein für den heutigen Weltkonzern International Business Machines Corporation (IBM).[3]

Das Patent von Hollerith befasst sich mit der effizienten Auswertung von Lochkarten, wobei mit Stiften Stromkreise geschlossen werden, falls an einer besonderen Position ein Loch vorhanden ist. Dieser Stromfluss wird zur Auswertung genutzt. Ist an der besonderen Position kein Loch, sondern Karton, wird der Stromfluss unterbrochen, was entsprechend berücksichtigt wird.

Abb. 6.1 zeigt in der Fig. 3 ein Stanzwerkzeug, um in die Lochkarten die Löcher auszustanzen. Fig. 5 zeigt das Auslesewerkzeug mit Stiften, die mit einer Walze A einen Stromfluss erzeugen, falls ein Loch vorhanden ist.

Der Hauptanspruch des Patents lautet: „The herein-described improvement in the art of compiling statistics, which consists in, first, forming or arranging a standard or templet indicating the relative position in which each item or characteristic of the individual is to be recorded; secondly, forming a record of each individual or thing by locating index-points upon a strip or tablet, said index-points representing the characteristics of the individual and bearing a determinate relation to each other and to the standard, and, finally, submitting said separate records successively to the action of circuit-controlling devices for operating the registering devices representing the statistical items to be compiled, whereby each statistical item or combination of items when contained in the record of any individual is accurately registered."[4]

Der Hauptanspruch des Patents US 395,782 beschreibt die Anwendung der Lochkartentechnik zur Auswertung statistischer Erhebungen.

Die Lochkarte für Computer wurde von IBM Anfang des 20. Jahrhunderts standardisiert. Das Patent US 1,772,492 beschreibt die Erfindung. Der Hauptanspruch lautet: „A tabulating card having oblong control apertures arranged in vertical columns and horizontal lines with the greater dimension in the vertical direction whereby the card is stronger and contains more perforations than a similar card having similarly arranged and spaced circular perforations of a diameter equal to said vertical dimension."[5]

Der Hauptanspruch beschreibt eine spezielle Ausführungsform einer Lochkarte, die sich als Industriestandard entwickelte.

Abb. 6.2 und 6.3 zeigen die standardisierten Lochkarten von IBM.

---

[2] Wikipedia, https://de.wikipedia.org/wiki/Herman_Hollerith, abgerufen am 04.04.2026.

[3] Wikipedia, https://de.wikipedia.org/wiki/Herman_Hollerith, abgerufen am 24.03.2026.

[4] DPMA, https://depatisnet.dpma.de/DepatisNet/depatisnet?action=pdf&docid=US000000395782A&xxxfull=1, abgerufen am 24.03.2026.

[5] DPMA, https://depatisnet.dpma.de/DepatisNet/depatisnet?action=pdf&docid=US000001772492A&xxxfull=1, abgerufen am 24.03.2026.

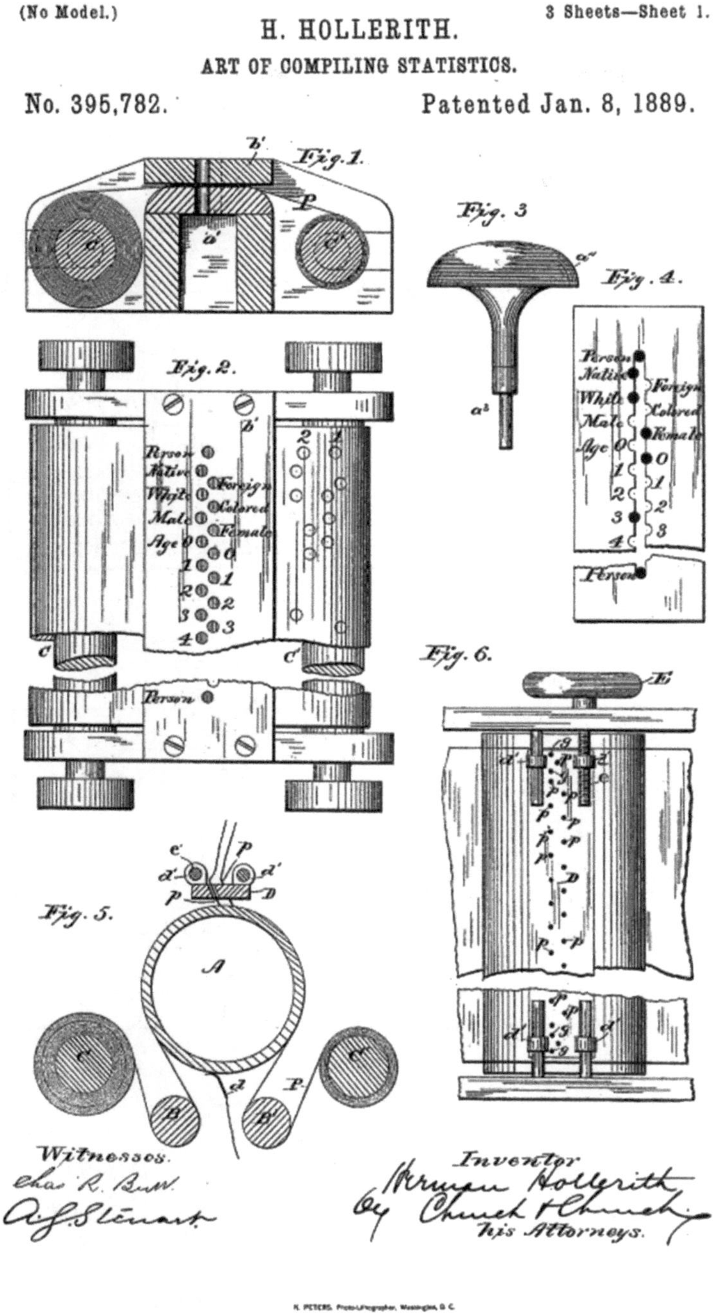

Abb. 6.1 Fig. 1 bis 6 der US395782. (DPMA, https://depatisnet.dpma.de/DepatisNet/depatisnet?action=pdf&docid=US000000395782A&xxxfull=1, abgerufen am 24.03.2026.)

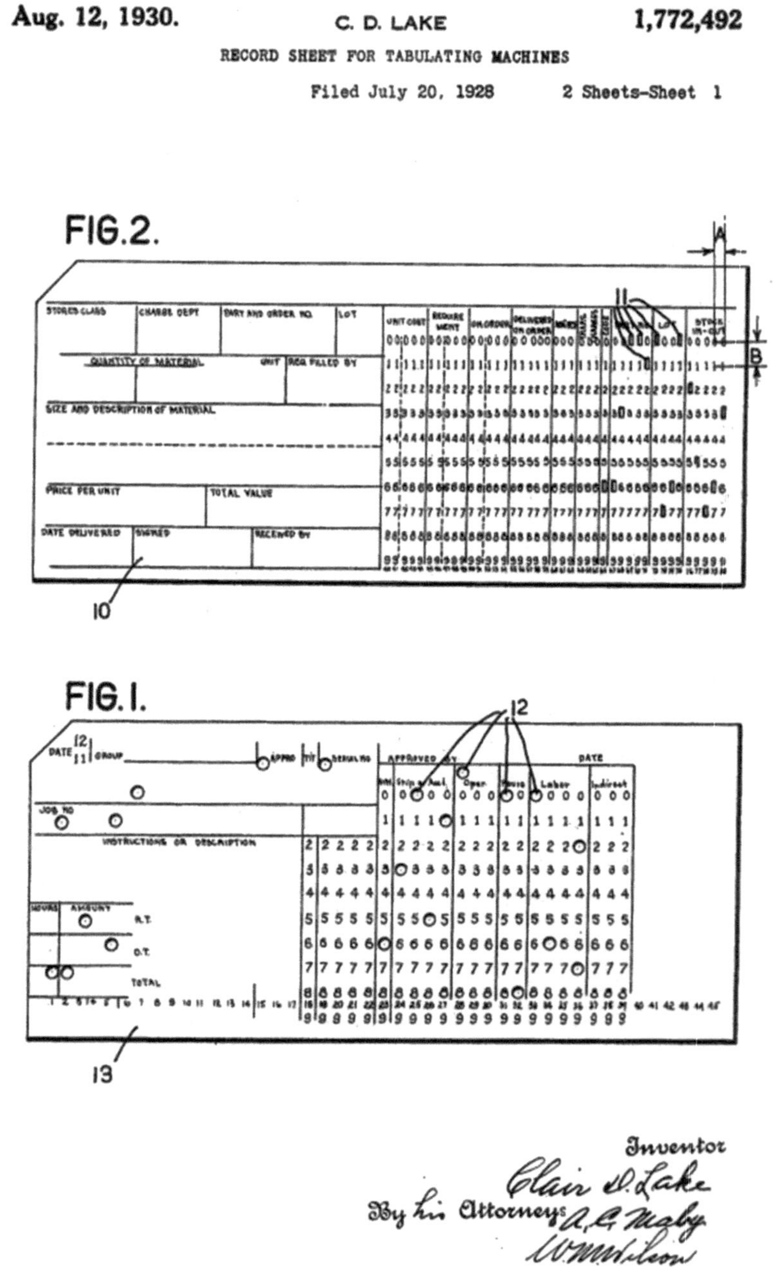

Abb. 6.2 Fig. 1 und 2 der US1772492. (DPMA, https://depatisnet.dpma.de/DepatisNet/depatisnet?action=pdf&docid=US000001772492A&xxxfull=1, abgerufen am 24.03.2026.)

Aug. 12, 1930. C. D. LAKE **1,772,492**

RECORD SHEET FOR TABULATING MACHINES

Filed July 20, 1928 2 Sheets-Sheet 2

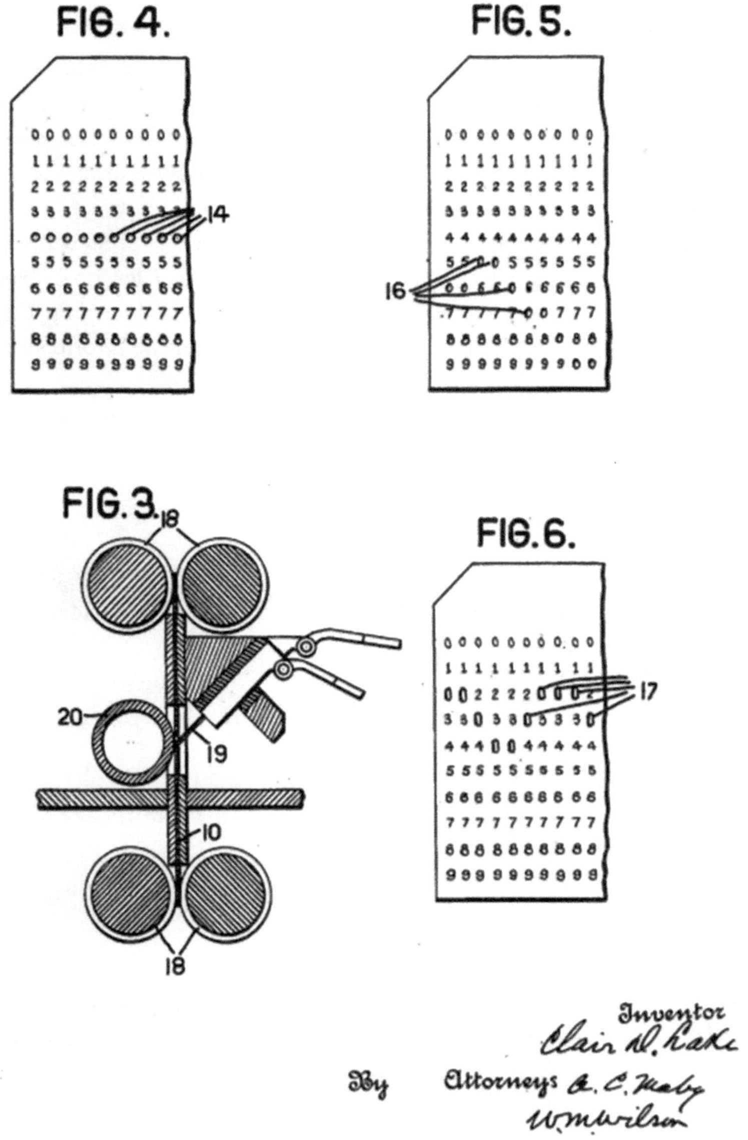

Abb. 6.3 Fig. 3 bis 6 der US1772492. (DPMA, https://depatisnet.dpma.de/DepatisNet/depatisnet?action=pdf&docid=US000001772492A&xxxfull=1, abgerufen am 24.03.2026)

6.2 Flip-Flop

Das Patent GB 148,582 von William Henry Eccles und Frank Wilfried Jordan, das am 5. August 1920 erteilt wurde, beschreibt einen Flip-Flop zur elektronischen Datenspeicherung. William Henry Eccles wurde am 23. August 1875 geboren und ist am 29. April 1966 gestorben.[6] Frank Wilfried Jordan wurde am 6. Oktober 1881 geboren und ist am 12. Januar 1941 gestorben.[7]

Abb. 6.4 zeigt die erste elektronische Flip-Flop-Schaltung der Welt, die die elektronische Speicherung von Daten ermöglicht. Das Besondere der Flip-Flop-Schaltung ist die Kreuzkopplung, wodurch der Ausgang der einen Röhre mit dem Eingang der anderen Röhre verbunden ist. Es ergibt sich dadurch ein bistabiles System, das zwei stabile Zustände aufweist, die als Null und 1 bewertet werden.

Ein Flip-Flop ist eine bistabile Kippstufe und kann durch zwei Steuerungssignale, Set und Reset, ein Ausgangssignal Q erzeugen, wobei zusätzlich der zuvor bestandene Zustand des Ausgangssignals Q berücksichtigt wird. Ein einzelnes Flip-Flop bietet die Speichermöglichkeit für ein einzelnes Bit. Ein Bit ist die kleinste Informationseinheit und kann entweder 1 oder 0 sein.

Abb. 6.5 zeigt die verschiedenen Zustände des Ausgangssignals Q, die durch die Eingangssignale Set und Reset erreicht werden.

[6] Wikipedia, https://de.wikipedia.org/wiki/William_Henry_Eccles, abgerufen am 04.04.2026.

[7] Wikipedia, https://de.wikipedia.org/wiki/Frank_W._Jordan, abgerufen am 04.04.2026.

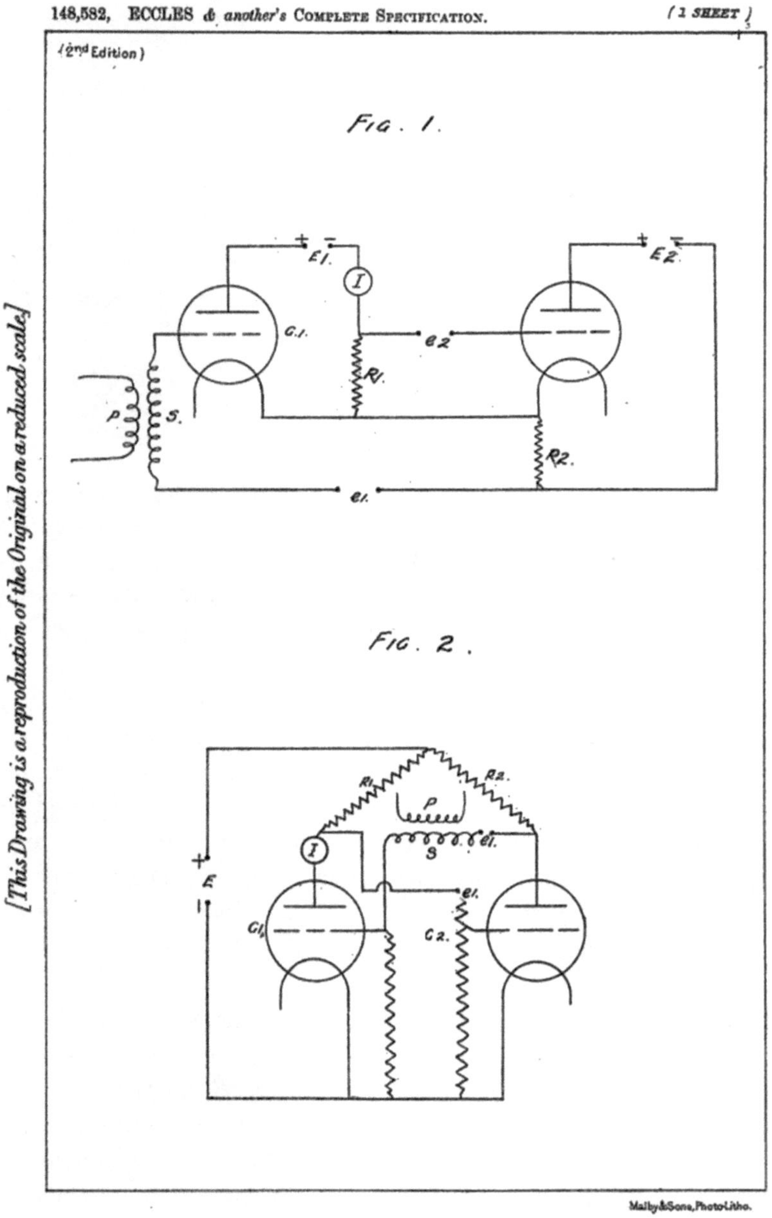

Abb. 6.4 Fig. 1 und 2 der GB148582. (DPMA, https://depatisnet.dpma.de/DepatisNet/depatisnet?action=pdf&docid=GB000000148582A&xxxfull=1, abgerufen am 24.03.2026)

Abb. 6.5 Wahrheitstabelle Flip-Flop

Set	Reset	Q (Ausgang)	Zustand
0	0	Q_{alt}	Speichern, keine Änderung des Zustands
0	1	0	Rücksetzen
1	0	1	Setzen
1	1	unbestimmt	verbotener Zustand

6.3 ENIAC

ENIAC ist das Akronym von „Electronic Numerical Integrator And Computer" (Titel des Patents US 3,120,606).[8] Das Patent US 3,120,606 wurde am 4. Februar 1964 erteilt und beschreibt einen elektronischen freiprogrammierbaren Rechner, der komplexe mathematische Berechnungen durchführen konnte. ENIAC war mit Elektronenröhren aufgebaut und wies daher eine deutlich höhere Rechenleistung und Verfügbarkeit als die Z3 von Konrad Zuse auf, die mit elektromechanischen Relais arbeitete.[9]

Die Erfinder des Patents sind John Presper Eckert Jr., geboren am 9. April 1919 und gestorben am 3. Juni 1995, und John W. Mauchly, geboren am 30. August 1907 und gestorben am 8. Januar 1980. Eckert und Mauchly gründeten eine gemeinsame Firma, die den Computer UNIVAC herstellte. Der UNIVAC war der erste in den USA hergestellte kommerzielle Großrechner. Die Firma von Eckert und Mauchly wurde bereits nach wenigen Jahren wegen finanzieller Schwierigkeiten von Remington Rand übernommen.[10]

Eine Besonderheit des ENIAC waren die Akkumulatoren, die addierten und subtrahierten, die Multiplikatoren und die Dividierer. Die Datenspeicher des ENIAC umfassten eine Vielzahl an Flip-Flops.

Der Hauptanspruch des Patents US 3,120,606 lautet: „Means for producing electric pulses in sequence, electronic means for alternately transmitting certain ones of said pulses as recurrent differentiated groups, electronic means for selecting particular pulses from one of said differentiated groups to represent quantitative values, electronic means for selecting particular pulses from another of said differentiated groups to represent certain qualitative values, reading means responsive to pulses representing both the qualitative

[8] DPMA, https://depatisnet.dpma.de/DepatisNet/depatisnet?action=pdf&docid=US000003120606A&xxxfull=1, abgerufen am 04.04.2026.

[9] DPMA, https://de.wikipedia.org/wiki/ENIAC, abgerufen am 24.03.2026.

[10] Wikipedia, https://de.wikipedia.org/wiki/John_Presper_Eckert#:~:text=John%20Presper%20Eckert%20%E2%80%93%20Wikipedia,weiter%20als%20Berater%20zur%20Verf%C3%BCgung., abgerufen am 18.04.2026.

and quantitative values for reading data to be processed upon command of at least one of said qualitative pulses, storing the data thus read, and making the data available in the form of data pulses in response to at least one other of said qualitative pulses, and electronic means for receiving said data pulses and responsive thereto for performing electrical switching operations of a nature determined by selected ones of said qualitative values and of a degree determined by selected ones of said quantitative values.“[11]

Der Anspruch beschreibt allgemein die Erzeugung und Verarbeitung von Datenimpulsen zur Berechnung mathematischer Aufgaben.

Abb. 6.6 zeigt die Realisierung eines Flip-Flops des ENIAC-Rechners durch Elektronenröhren.

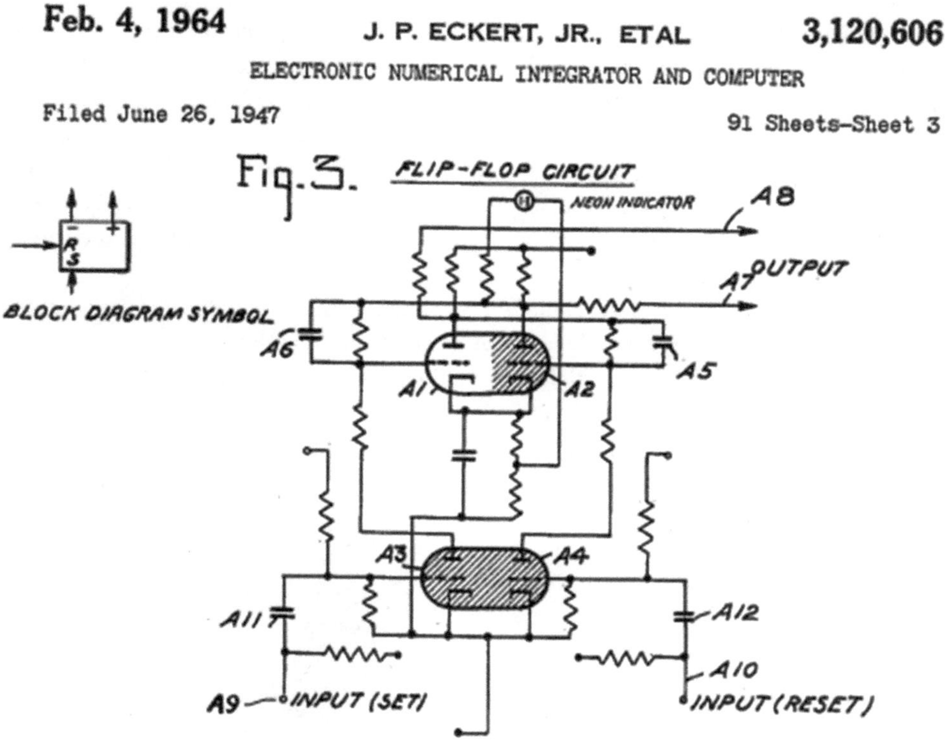

Abb. 6.6 Fig. 3 der US3120606. (DPMA, https://depatisnet.dpma.de/DepatisNet/depatisnet?window=1&space=main&content=captcha&action=pdf&docid=US000003120606A&xxxfull=1, abgerufen am 24.03.2026)

[11] DPMA, https://depatisnet.dpma.de/DepatisNet/depatisnet?action=pdf&docid=US000003120606A&xxxfull=1, abgerufen am 24.03.2026.

6.4 DRAM

Das Patent US 3,387,286, das am 4. Juni 1968 erteilt wurde, beschreibt ein Speicherelement, das aus nur einem Kondensator und einem Transistor besteht. Die zuvor bekannten Flip-Flop-Speicherelemente umfassten zwei Transistoren und weitere diskrete Bauteile. Die Reduzierung der Anzahl der Bauelemente führte zu einer enormen Steigerung der Speicherdichte.

Der Erfinder des Patents ist Robert Heath Dennard, geboren am 5. September 1932 und gestorben am 23. April 2024. Er war ein US-amerikanischer Ingenieur und gilt als der Vater des elektronischen Speicherbausteins DRAM.[12]

Bei einem DRAM-Element wird der Ladezustand eines Kondensators zur Speicherung des Zustands eines Bits genutzt. Mit einem Transistor kann der Kondensator auf- oder entladen werden, um die Information abzuspeichern. Der Nachteil eines DRAM ist, dass ein zyklisches „Auffrischen" der Ladung erfolgen muss, da die Kondensatoren lecken und ihre Ladung mit der Zeit verlieren. DRAM ist ein Akronym für Dynamic Random Access Memory und beschreibt das Bauteil als Speicher (Memory), auf dessen Speicherinhalte in beliebiger Folge zugegriffen werden kann (Random Access), wobei der Speicher regelmäßig „aufgefrischt" werden muss, damit die Speicherinhalte nicht verloren gehen (Dynamic).

Abb. 6.7 zeigt ein DRAM-Element mit einem Feldeffekttransistor und einem Kondensator, die zusammen die Information eines Bits speichern.

Abb. 6.8 zeigt ein Speicherarray mit 7 Wort- und 8 Bitleitungen, die zur Adressierung der einzelnen Speicherelemente dienen. Das obere Transistor-Kondensator-Speicherelement kann durch Anwahl der Wortleitung 4 und der Bitleitung 2 adressiert werden. Das untere Speicherelement kann durch Anwahl der Wortleitung 1 und der Bitleitung 0 angewählt werden. Mit diesem Speicherarray können insgesamt sieben mal acht, also 56 Bits gespeichert werden.

Abb. 6.7 DRAM-Speicherelement

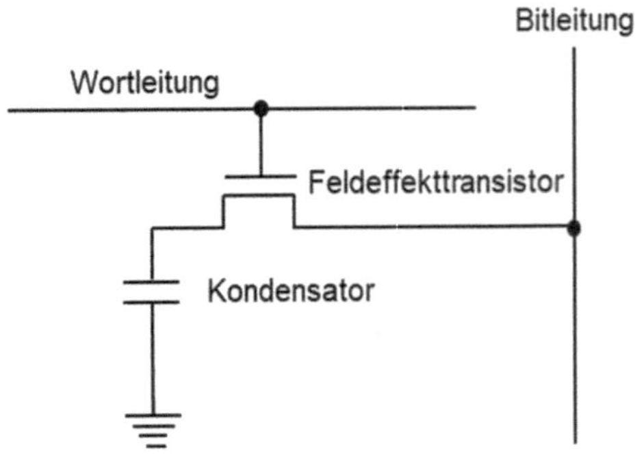

[12] Wikipedia, https://de.wikipedia.org/wiki/Robert_H._Dennard, abgerufen am 18.04.2026.

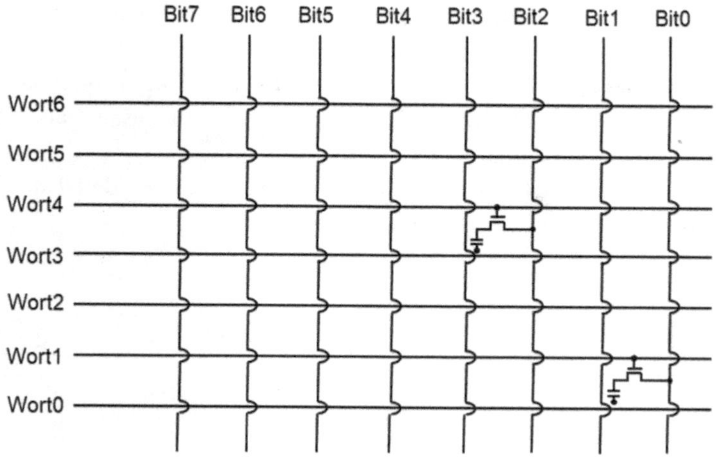

Abb. 6.8 Speicher-Array

Der Hauptanspruch des Patents US 3,387,286 lautet: „An integrated circuit memory including a plurality of memory cells each coupled to at least one of a plurality of word lines for said memory and at least one of a plurality of bit lines for said memory; each said cell comprising:

(a) an input field-effect transistor including a channel between first and second regions to which first and second terminals for the transistor are connected, and including a gate electrode to which signals are applied to control the conduction between said terminals;
(b) a storage device exhibiting capacitance between first and second electrodes for the device and having a first one of said electrodes connected to said first terminal of said input field-effect transistor and its second electrode connected to a reference potential source;
(c) a word line for said cell connected to the gate electrode of said field-effect transistor;
(d) a bit line for said cell connected to the second terminal of said input field-effect transistor;
(e) and control means for controlling the writing of information in said cell comprising means for applying voltage signals to said word line and said bit line to cause said transistor to conduct and through said transistor to charge said capacitance of said storage device to a voltage representative of the information to be written in said cell,
(f) the voltage signal applied to said bit line being ineffective to change the information representing charge on said capacitance of said device in the absence of said signal applied to said word line to render said transistor conductive.“[13]

[13] DPMA, https://depatisnet.dpma.de/DepatisNet/depatisnet?action=pdf&docid=US000003387286A&xxxfull=1, abgerufen am 25.03.2026.

Der Anspruch beschreibt den Aufbau eines Speicherarrays mit Bitleitungen, Wortleitungen und Feldeffekttransistoren, denen jeweils ein Kondensator zugewiesen ist, wobei die Ladung des Kondensators der Information entspricht. Ein geladener Kondensator kann beispielsweise informatorisch als „1“ und ein entladener Kondensator als „0“ interpretiert werden.

Abb. 6.9 zeigt ein Speicherarray mit drei Wortleitungen und drei Bitleitungen und damit der Möglichkeit insgesamt neun Bits zu speichern.

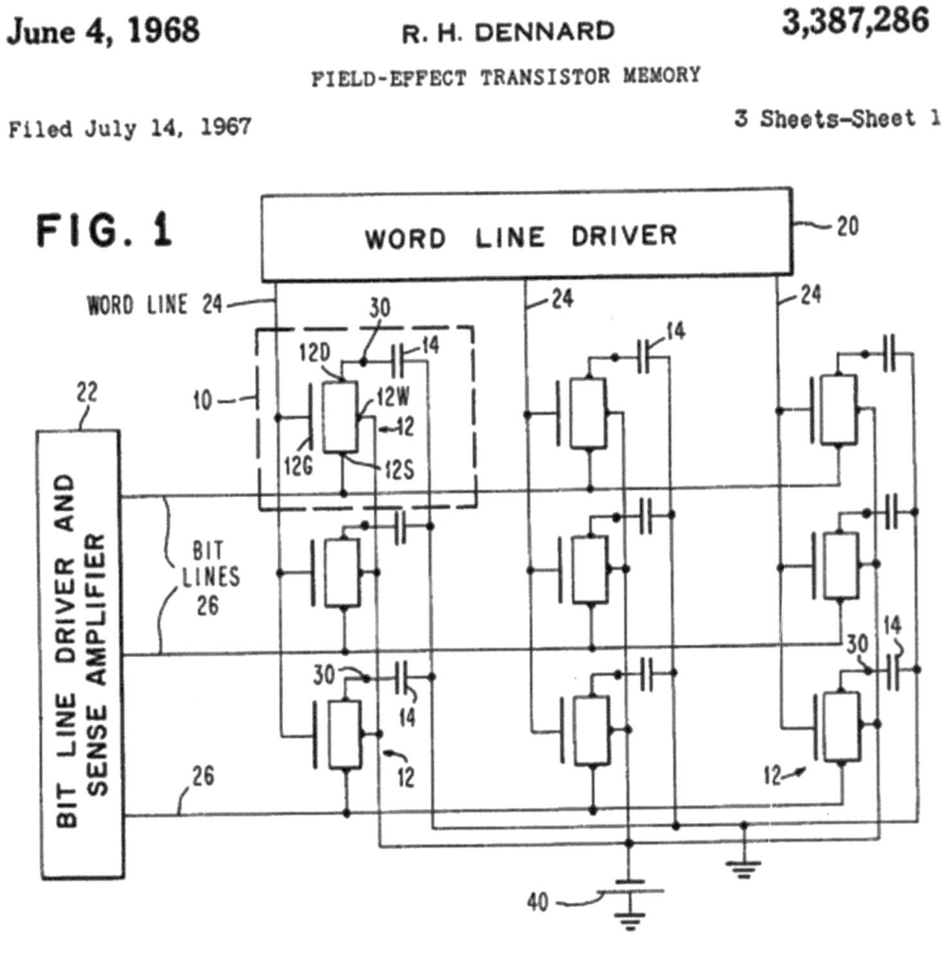

Abb. 6.9 Fig. 1 der US3387286. (DPMA, https://depatisnet.dpma.de/DepatisNet/depatisnet?action=pdf&docid=US000003387286A&xxxfull=1, abgerufen am 25.03.2026)

6.5 Festplatte

Das Patent US 3,134,097, das am 19. Mai 1964 erteilt wurde, beschreibt die Erfindung der Festplatte. Die Erfinder des Patents und damit die Väter der Festplatte sind Louis D. Stevens, geboren am 25. April 1925 und gestorben am 17. Oktober 2009,[14] William A. Goddard, geboren am 10. Juli 1913 und gestorben am 29. September 1997,[15] und John J. Lynett.

Der Hauptanspruch des Patents lautet: „A random access magnetic memory device comprising a plurality of magnetic discs mounted for rotation upon a common shaft, each of said discs having a plurality of concentric recording tracks on both of its surfaces, means for continuously rotating said shaft to rotate said discs, a transducer for recording and reproducing data on said tracks, means for moving said transducer axially of said discs to selectively position said transducer between a selected pair of adjacent discs, means operable upon completion of said axial positioning of said transducer to move said transducer radially between said selected discs to position said transducer adjacent a selected one of said recording tracks, and means responsive to completion of said radial positioning operation for energizing said transducer to magnetically cooperate with said selected track."[16]

Der Anspruch beschreibt eine magnetische Speichervorrichtung mit einer Anzahl von Scheiben, die beidseitig beschrieben und ausgelesen werden.

Abb. 6.10 zeigt die Magnetspeicher 102 in einem historischen Rechnersystem.

Abb. 6.11 zeigt die einzelnen Magnetspeicher mit dem Schreib- und Lesemechanismus.

Ein weiteres wichtiges Patent ist die US 3,503,060, die am 24. März 1970 erteilt wurde.

Abb. 6.12 zeigt die magnetischen Speicherscheiben mit den einzelnen Sektoren zur Speicherung von Daten.

Der Hauptanspruch des Patents lautet: „A magnetic transducer mounting apparatus comprising:

a pair of rotatably mounted record members each having oppositely disposed recording surfaces thereon;
means to rotate said record members in spaced apart parallel relation to one another;
a pair of electromagnetic transducers;
a gimbal structure mounting said transducers in side by side relationship and permitting each of said transducers to move freely about two perpendicularly disposed pivot points;
means operatively associated with said gimbal mounting structure for moving said transducers in between adjacent opposite surfaces of said pair of parallel record members; and

[14] Wikipedia, https://de.wikipedia.org/wiki/Louis_Stevens, abgerufen am 18.04.2026.

[15] Wikipedia, https://de.wikipedia.org/wiki/William_A._Goddard_(Ingenieur), abgerufen am 18.04.2026.

[16] DPMA, https://depatisnet.dpma.de/DepatisNet/depatisnet?action=pdf&docid=US000003134097A&xxxfull=1, abgerufen am 25.03.2026.

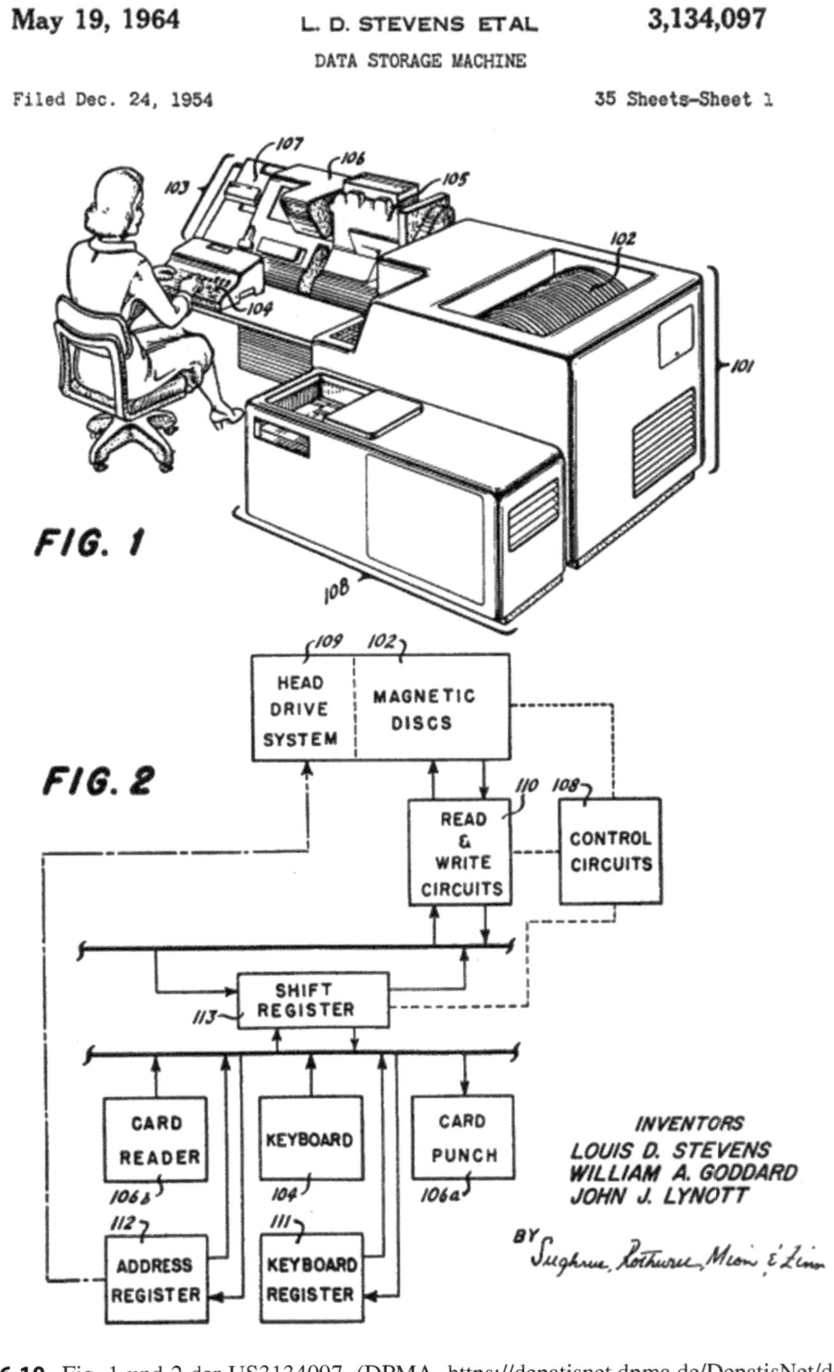

Abb. 6.10 Fig. 1 und 2 der US3134097. (DPMA, https://depatisnet.dpma.de/DepatisNet/depatisnet?action=pdf&docid=US000003134097A&xxxfull=1, abgerufen am 25.03.2026)

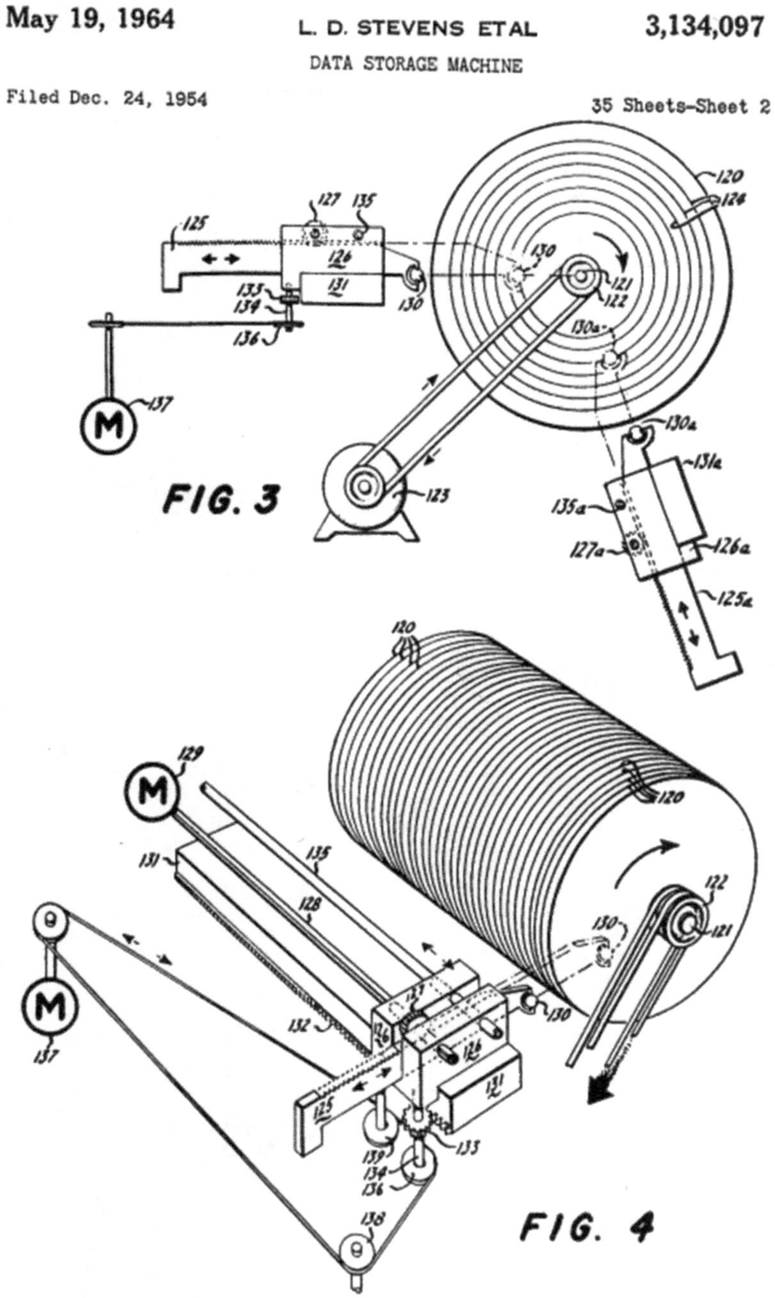

Abb. 6.11 Fig. 3 und 4 der US3134097. (DPMA, https://depatisnet.dpma.de/DepatisNet/depatisnet?action=pdf&docid=US000003134097A&xxxfull=1, abgerufen am 25.03.2026)

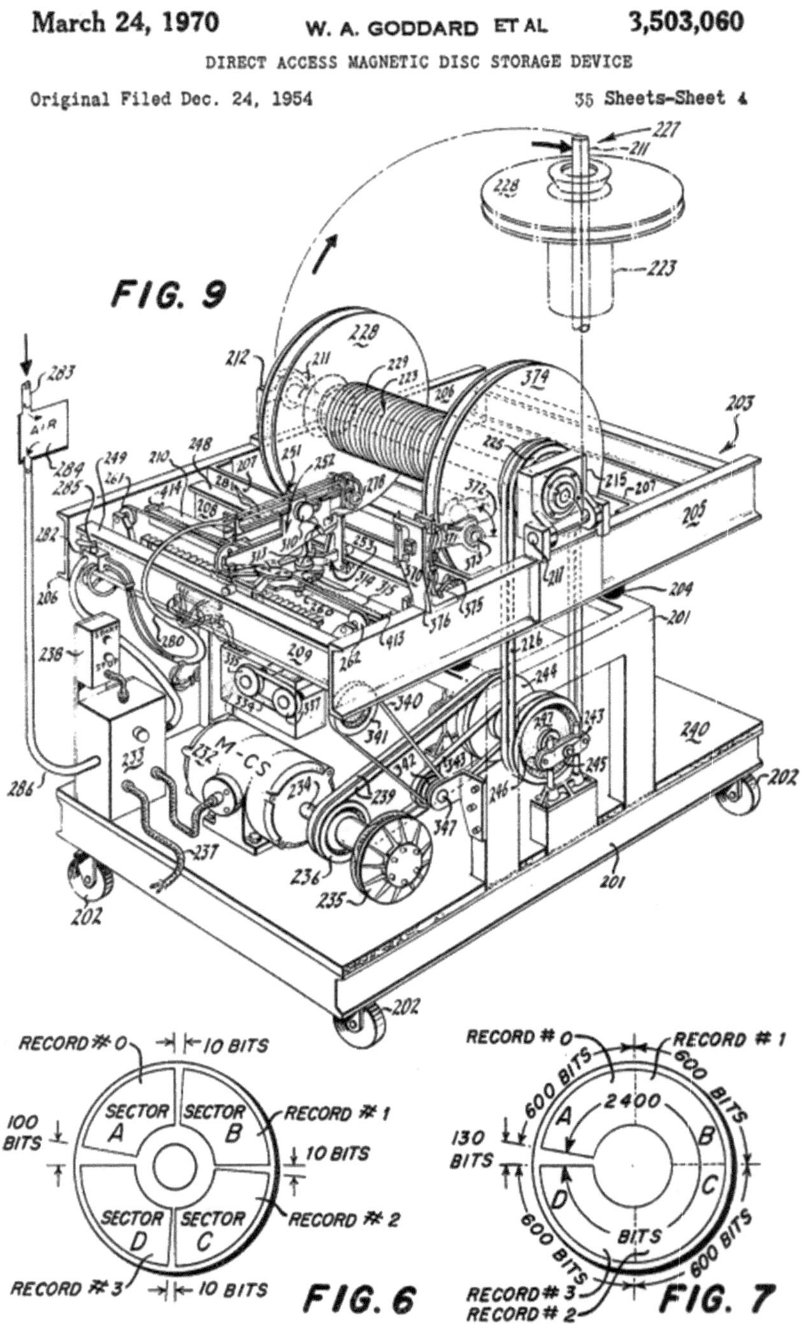

Abb. 6.12 Fig. 6, 7 und 9 der US3503060. (DPMA, https://depatisnet.dpma.de/DepatisNet/depatisnet?action=pdf&docid=US000003503060A&xxxfull=1, abgerufen am 25.03.2026)

means for moving said last-named means so as to move the transducers in opposite directions and position them into air bearing juxtaposed relation with respective opposite recording surfaces of said parallel record members."[17]

Der Anspruch beschreibt die magnetischen Wandler zum Lesen und Schreiben der magnetischen Scheiben, die parallel zueinander angeordnet sind.

6.6 Ethernet

Das Patent US 4,063,220, das am 13. Dezember 1977 erteilt wurde, beschreibt das Ethernet-Netzwerk, mit dem Computer in einem Netzwerk zusammengefasst werden, um Daten schnell und sicher innerhalb des Netzwerks zu übermitteln.

Das Ethernet ist eine Technologie für kabelgebundene lokale Netzwerke, wobei für den Datenaustausch die Hardware, insbesondere die Kabel, die Stecker und die Netzwerkkarten, als auch die softwarebezogenen Vorschriften wie die Datenpakete innerhalb des Netzwerks versendet und empfangen werden, festgelegt wird.

Das Ethernet wurde in den 1970er-Jahren von Robert Metcalfe entwickelt und ist heute relevanter denn je, denn es weist gegenüber WLAN bedeutende Vorteile auf. Das Ethernet ist robust und wenig störanfällig. Außerdem meistert ein Ethernet-Netzwerk sehr hohe Übertragungsgeschwindigkeiten. Ein weiterer Vorteil ergibt sich aus der Kabelgebundenheit des Ethernet-Netzwerks, wodurch es im Vergleich zu einem Netzwerk, das über Funksignale Verbindungen herstellt, schwer zu „hacken" ist.

Der Hauptanspruch lautet: „A data communication system comprising:

a communicating medium;

a plurality of transceivers connected to said medium, each transceiver including transmitting means for transmitting a signal onto said medium, and receiving means for receiving a signal communicated on said medium by another transceiver;

collision detecting means coupled to the transmitting means and the receiving means of each transceiver for generating a collision signal whenever a signal communicated on said medium by another transceiver is received by said receiving means during the time said transmitting means is transmitting a signal onto said communicating medium; and

means connected to each transceiver and responsive to the presence of said collision signal for interrupting the transmission of a signal onto said medium by said transmitting means."[18]

---

[17] DPMA, https://depatisnet.dpma.de/DepatisNet/depatisnet?action=pdf&docid=US000003503060A&xxxfull=1, abgerufen am 25.03.2026.

[18] DPMA, https://depatisnet.dpma.de/DepatisNet/depatisnet?action=pdf&docid=US000004063220A&xxxfull=1, abgerufen am 25.03.2026.

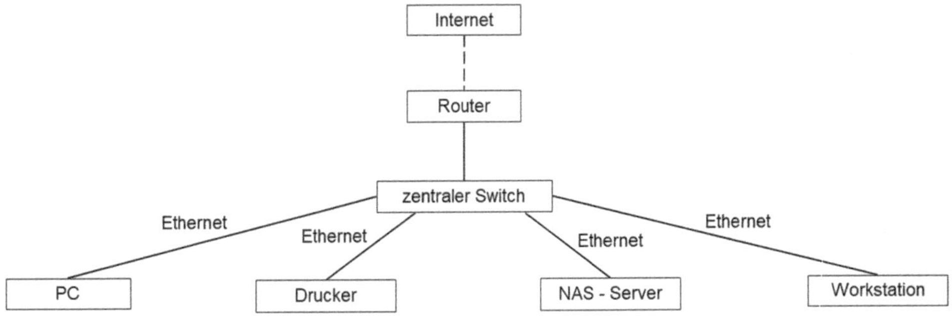

Abb. 6.13 Local Area Network (LAN)

Abb. 6.13 zeigt ein Ethernet-LAN mit einem PC, einem Drucker, einem NAS-Server und einer Workstation. Ein Ethernet-LAN (Local Area Network) ist ein lokales Netzwerk, das insbesondere mit Kabeln verbunden ist. In einem LAN haben die einzelnen Komponenten einen gemeinsamen Zugriff auf das Internet und die Ressourcen des Netzwerks, beispielsweise Drucker. Eine Workstation ist ein sehr leistungsfähiger Rechner, der für rechenintensive Anwendungen geeignet ist. Ein NAS-Server stellt eine Ressource in einem Netzwerk dar, der Datenspeicher für die Komponenten des Netzwerks zur Verfügung stellt. Die Komponenten des Netzwerks sind in einer typischen Sterntopologie angeordnet. Bei einer Sterntopologie sind alle Geräte direkt mit einem gemeinsamen Knoten verbunden. Hier ist der gemeinsame Knoten der zentrale Switch, der mit einem Router verbunden ist. Die Verbindung ins Internet erfolgt über diese Komponenten des Netzwerks.

6.7 D-Wave Quantum

Die kanadische D-Wave Quantum Inc. war das erste Unternehmen, das sich ausschließlich auf die Herstellung von Quantencomputer fokussiert hat.[19] D-Wave Quantum konzentriert sich dabei auf eine spezielle Variante von Quantencomputern, mit denen es möglich ist, eine optimale Lösung aus einer Vielzahl von Alternativen herauszufiltern. D-Wave Quantum wendet die adiabatische Methode an, bei der von einem Ausgangspunkt die physikalischen Bedingungen entsprechend der Optimierungsaufgabe langsam verändert werden. Der Quantencomputer sucht dabei immer das Minimum. Erreicht man schließlich nach einer langsamen Anpassung der physikalischen Bedingungen das Niveau des realen Problems, misst man das Ergebnis des Quantencomputers, der stets das jeweilige Minimum eingenommen hat. Dieser Zustand des Quantencomputers stellt die optimale Lösung des Optimierungsproblems dar. Mit der

[19] Wikipedia, https://de.wikipedia.org/wiki/D-Wave_Systems, abgerufen am 04.04.2026.

Methode von D-Wave Quantum können insbesondere komplexe Logistikplanungen und Produkt-Portfolio-Optimierungsaufgaben gelöst werden. Ein großer Vorteil der Quantencomputer von D-Wave Quantum ist die geringe Störanfälligkeit, da sich der Quantencomputer stets in einem Minimumbereich befindet.

Das Unternehmen hat ein umfangreiches Patentportfolio. Insbesondere das Patent US 7,135,701, das am 14. November 2006 erteilt wurde, ist wichtig. Dieses Patent beschreibt die adiabatische Methode mittels supraleitender Qubits und Josephson-Kontakten. Der Josephson-Kontakt ist ein quantenelektronisches Bauteil, das den Zustand eines QuBits auf 0 oder 1 festlegen und das außerdem das QuBit in den Zustand der Superposition überführen kann. Im Zustand der Superposition ist das QuBit zur gleichen Zeit 0 und 1. Die Erfinder des Patents sind Mohammad H. S. Amin und Miles F. H. Steininger.

Abb. 6.14 zeigt einen Quantencomputer der D-Wave Quantum Inc.

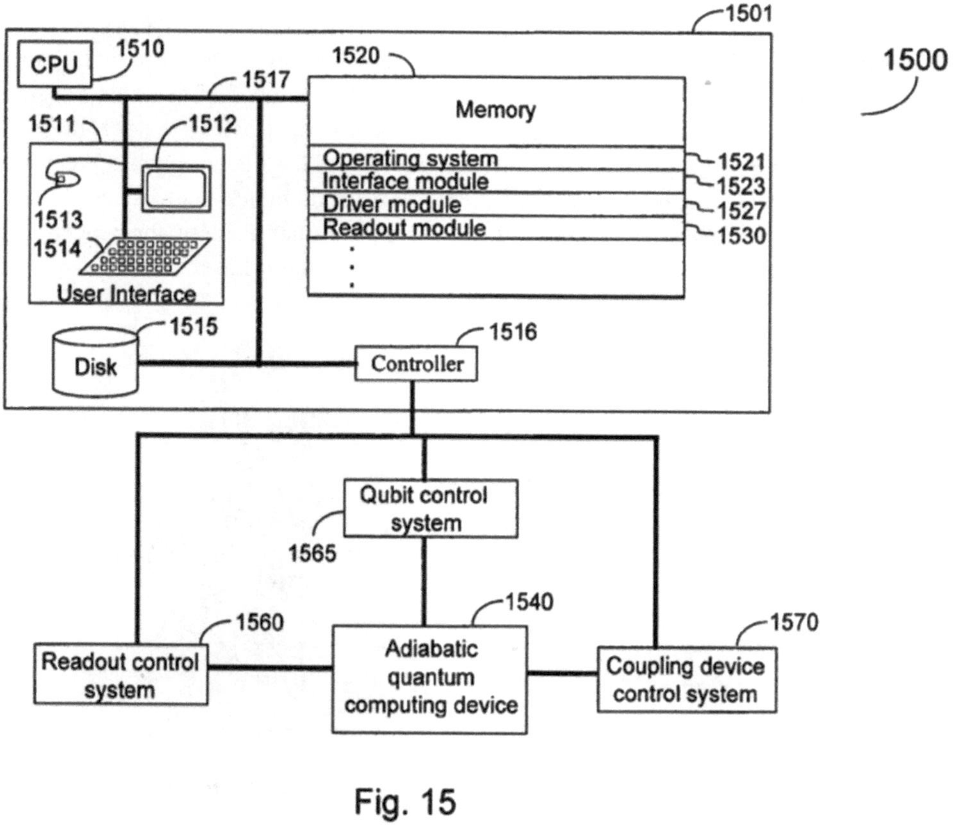

Abb. 6.14 Fig. 15 der US7135701. (DPMA, https://depatisnet.dpma.de/DepatisNet/depatisnet?action=pdf&docid=US000007135701B2&xxxfull=1, abgerufen am 26.03.2026)

6.8 Ionenfallen-Quantencomputer

Der Ionenfallen-Quantencomputer funktioniert mit Ionen, die elektrische Ladungsträger darstellen. Diese Ionen werden in ein elektrisches Feld gebracht und von diesem fixiert. Die gleichartige Ladung der Ionen sorgt außerdem dafür, dass sich die Ionen abstoßen, sodass sich insgesamt eine Kette von Ionen ergibt. Wird auf ein Ion mit einem Laser Energie abgestrahlt, beginnt das Ion zu schwingen, wobei sich diese Schwingung auf die anderen Ionen überträgt und sich der Effekt der Verschränkung einstellt. Verschränkung bedeutet, dass die Zustände der miteinander verschränkten Teilchen dauerhaft verbunden sind, unabhängig von ihrer räumlichen Entfernung. Aufgrund der Verschränkung kann Information zwischen QuBits ohne Verkabelung übertragen werden (Quantenteleportation). Eine Superposition kann ebenfalls durch Laserbestrahlung erreicht werden, indem die Laserbestrahlung gerade halb so stark ist, um von einem energetischen Zustand in den benachbarten energetischen Zustand zu gelangen. Hierdurch wird gerade der Zwischenzustand der Superposition erlangt, der weder 1 noch 0 darstellt.

In dem Patent US 7,411,187, das am 12. August 2008 erteilt wurde, wird eine Ionenfalle zum Aufbau eines Quantencomputers beschrieben. Die Abb. 6.15 zeigt ein Substrat 20 und Elektrodenschichten 12, 14 und 16. Außerdem wird ein Spalt 10 in der Mitte ausgebildet. An die Elektrodenschichten 12, 14 und 16 werden hochfrequente Wechselspannungen angelegt, die im Zentrum des Spalts 10 ein rotierendes elektrisches Feld erzeugen. Ein elektrisch geladenes Ion wird von den elektrischen Feldern abgestoßen und damit in der Mitte gehalten. Es berührt den Chip nicht. Durch Laserstrahlen kann der

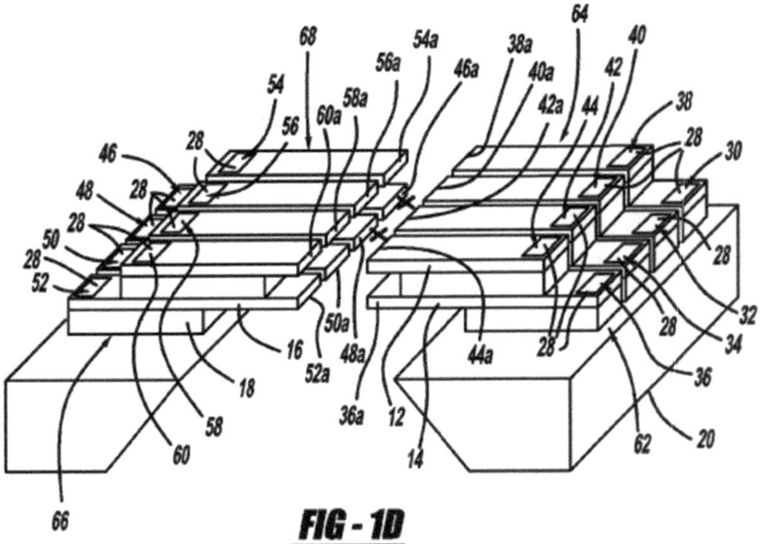

FIG - 1D

Abb. 6.15 Fig. 1D der US7411187. (DPMA, https://depatisnet.dpma.de/DepatisNet/depatisnet?action=pdf&docid=US000007411187B2&xxxfull=1, abgerufen am 04.04.2026)

Zustand des freischwebenden Ions verändert werden. Durch die Realisierung als Computerchip können auf kleinstem Raum beliebig viele „Ionenfallen“ geschaffen werden, wodurch der Aufbau leistungsfähiger Quantencomputer ermöglicht wird. Die Erfinder des Patents sind Christopher Monroe, geboren am 19. Oktober 1965,[20] Daniel Stick, Martin Madsen, Winfried Hensinger und Keith Schwab.

6.9 Quantenüberlegenheit

Quantenüberlegenheit bedeutet, dass nachgewiesen wird, dass ein Quantencomputer eine Berechnung vornehmen kann, die ein klassischer Supercomputer nicht in einer angemessenen Zeit zu leisten in der Lage ist. Mit einer nachgewiesenen Quantenüberlegenheit kann belegt werden, dass die Entwicklung von Quantencomputern tatsächlich den nächsten Schritt der Computertechnik darstellt. Google gelang 2019 mit dem Sycamore-Prozessor der erste Nachweis der Quantenüberlegenheit.[21] In dem Patent US 11,238,000, das am 1. Februar 2022 erteilt wurde, werden wesentliche Aspekte des Sycamore-Prozessors beschrieben. Das Patent befasst sich insbesondere mit einer hybriden Chip-Architektur, um klassische Steuerelektronik und Quantenelemente auf einem Chip zu vereinen. Vorteilhafterweise werden durch die technische Lehre des Patents die Latenzzeiten verkürzt. Außerdem wird die Herstellung von Quantencomputern mit einer hohen Anzahl an Quantenelementen ermöglicht. Latenzzeiten stellen die zeitlichen Verzögerungen eines initiierenden Ereignisses und der erforderlichen Reaktion eines Computers, eines Netzwerks oder eines sonstigen IT-Systems dar. Die Erfinder sind Masoud Mohseni und Hartmut Neven, geboren 1964.[22]

Abb. 6.16 zeigt die Anbindung eines herkömmlichen Prozessors an einen Quantumeffekt-Prozessor. Die Architektur des hybriden Quantenrechners umfasst einen Quantenprozessor 604 und einen klassischen Prozessor 602. Der Quantenprozessor führt komplexe Berechnungen durch, die für einen klassischen Rechner zu schwierig sind und der herkömmliche Rechner nimmt allgemeine Datenverarbeitungsaufgaben wahr. Der Vorteil der hybriden Form ist, dass Berechnungen, bei denen ein Quantencomputer zu Fehlern neigt, mit dem klassischen Prozessor vorgenommen werden können.

Der Hauptanspruch des Patents lautet: „An apparatus comprising: a substrate; a classical computing processor formed on the substrate; a quantum computing processor formed on the substrate; and one or more interprocessor coupling components between the classical computing processor and the quantum computing processor, the one or more interprocessor coupling components being formed on the substrate and being configured to allow data exchange between the classical computing processor and the quantum computing

[20] Wikipedia, https://de.wikipedia.org/wiki/Christopher_Monroe, abgerufen am 18.04.2026.

[21] Wiley, Online Library, https://onlinelibrary.wiley.com/doi/full/10.1002/piuz.202001587, abgerufen am 04.04.2026.

[22] Wikipedia, https://de.wikipedia.org/wiki/Hartmut_Neven, abgerufen am 18.04.2026.

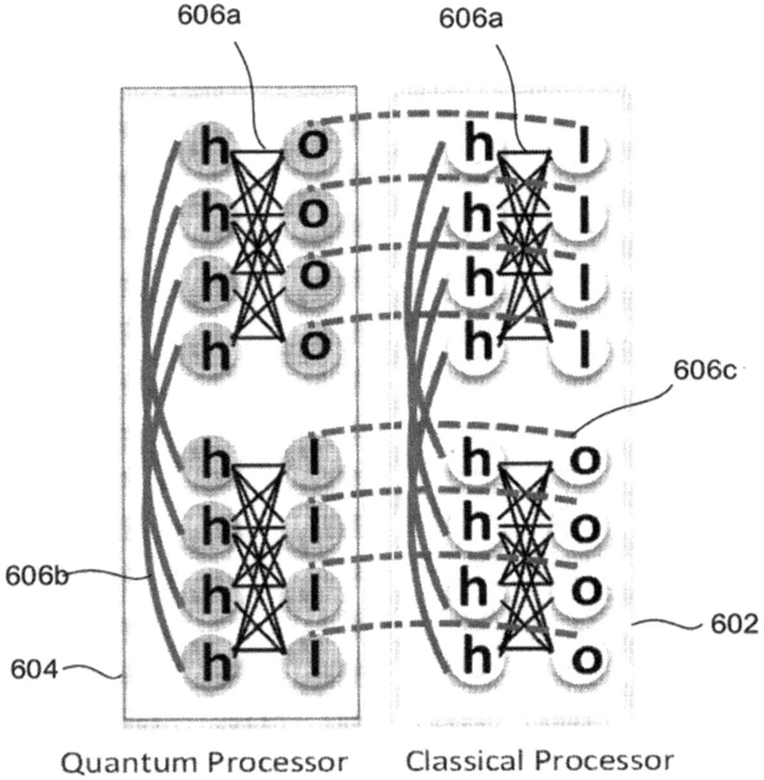

FIG. 6

Abb. 6.16 Fig. 6 der US11238000 (DPMA, https://depatisnet.dpma.de/DepatisNet/depatisnet?action=pdf&docid=US000011238000B2&xxxfull=1, abgerufen am 27.03.2026)

processor, wherein the quantum computing processor comprises a plurality of quantum unit cells, each quantum unit cell of the plurality of quantum unit cells comprising a plurality of qubits, wherein the classical computing processor comprises a plurality of classical unit cells, each classical unit cell of the plurality of classical unit cells comprising a plurality of active components, each active component configured to generate a classical bit, and wherein, for each classical unit cell of the plurality of classical unit cells, a first subset of the plurality of active components is coupled, by the one or more interprocessor coupling components, to a respective first subset of qubits within a corresponding quantum unit cell of the plurality of quantum unit cells."[23]

Der Anspruch beschreibt die Anbindung eines Quantenrechners an einen herkömmlichen Prozessor.

[23] DPMA, https://depatisnet.dpma.de/DepatisNet/depatisnet?action=pdf&docid=US000011238000B2&xxxfull=1, abgerufen am 27.03.2026.

7 Netzwerke

Ein technisches Netzwerk ist ein System aus zusammengeschlossenen technischen Geräten, die gemäß technischen Verfahren kommunizieren. Die Elemente des Netzwerks können kabelgebunden oder drahtlos verbunden sein. Außerdem können verschiedene Anordnungen der Komponenten innerhalb des Netzwerks, sogenannte Topologien, vorliegen. Insbesondere kann eine sternförmige, eine ringförmige Topologie oder die Verbindung über ein zusätzliches Bussystem realisiert werden.

7.1 Schreibtelegraf

Samuel Finley Breese Morse, geboren am 27. April 1791 und gestorben am 2. April 1872, beschreibt in seinem Patent US 1,647, das am 20. Juni 1840 erteilt wurde, ein Gerät zur kabelgebundenen Übertragung seines Morse-Codes, der ebenfalls in dem Patent erläutert wird.[1]

Bereits vor der Erfindung der Vorrichtung des Patents US 1,647 gab es Geräte zur Datenübertragung.[2] Allerdings wies die Vorrichtung von Morse erhebliche Vorteile auf. Zum einen benötigte Morse nur einen Draht zur Signalübertragung, da er die Erde als Rückleitung nutzte. Außerdem protokollierte die Vorrichtung von Morse die Nachricht dauerhaft auf einem fortlaufenden Papierstreifen. Eine dauerhafte Präsenz am Empfangsgerät war daher nicht erforderlich und die übertragene Nachricht konnte mehrmals gelesen werden, was die Entschlüsselung erleichterte.

Abb. 7.1 stellt die erste Version des Morse-Codes dar.

[1] Wikipedia, https://de.wikipedia.org/wiki/Samuel_F._B._Morse, abgerufen am 04.04.2026.

[2] Datamp, https://www.datamp.org/patents/displayPatent.php?pn=1647&id=42985, abgerufen am 17.04.2026.

T. H. Meitinger, *50 wegweisende Hightech-Patente*,
https://doi.org/10.1007/978-3-662-73667-8_7

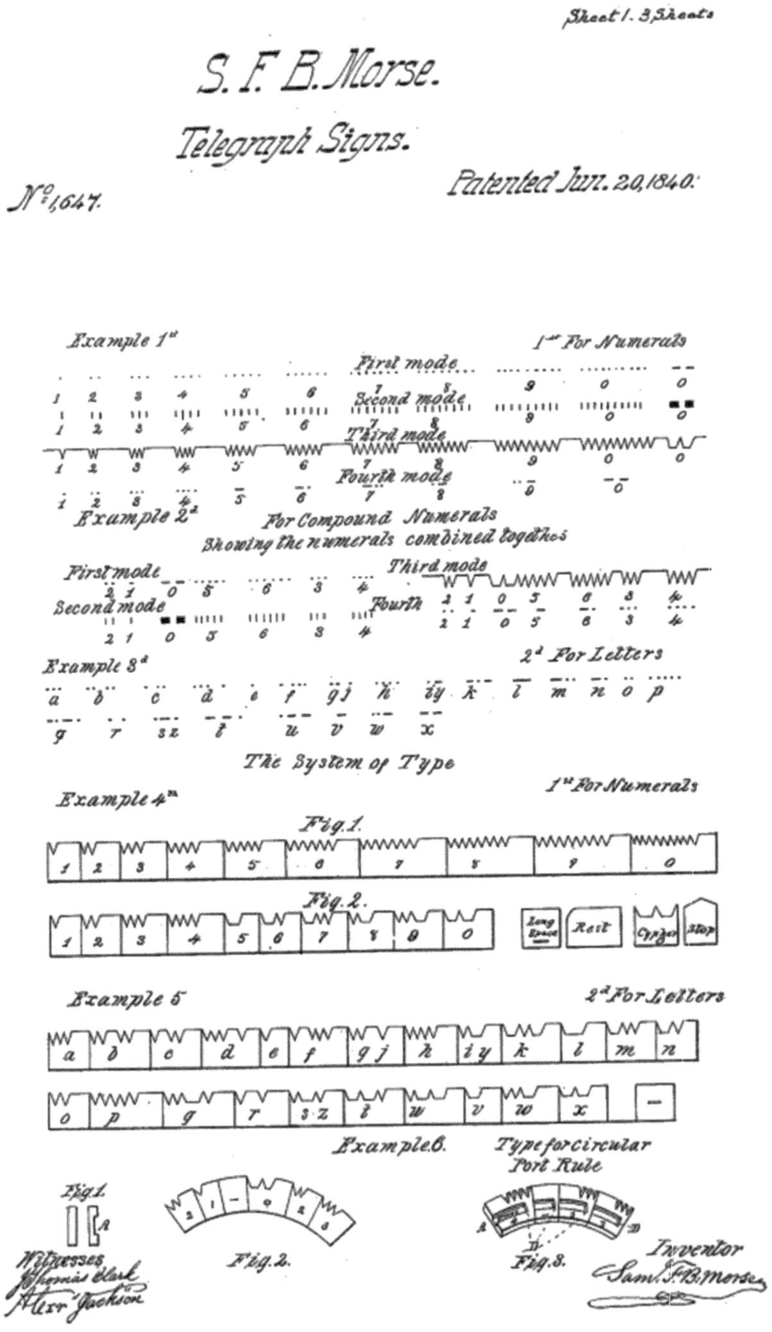

Abb. 7.1 Fig. 1 bis 3 der US1647. (DPMA, https://depatisnet.dpma.de/DepatisNet/depatisnet?action=pdf&docid=US000000001647A&xxxfull=1, abgerufen am 27.03.2026)

Der Hauptanspruch des Patents lautet: „The formation and arrangement of the several parts of mechanism constituting the type-rule, the straight port-rule, the circular port-rule, the circular port-rule, the two signal-levers, and the register-lever, and alarm-lever, with its hammer, as combining respectively with each of said levers one or more armatures of an electromagnet, and as said parts are severally described in the foregoing specification."[3]

Der Anspruch beschreibt die Vorrichtung, wobei mechanische Elemente der Vorrichtung durch einen Elektromagneten derart angesteuert werden, dass auf einem vorbeiziehenden Papierstreifen Morse-Zeichen aufgebracht werden. Der Elektromagnet wird direkt von der empfangenen elektrischen Energie beaufschlagt.

7.2 Telefon

Alexander Graham Bell, geboren am 3. März 1847 und gestorben am 2. August 1922, entwickelte ein marktreifes Telefon. Sein Unternehmen American Telephone and Telegraph Company (AT&T) baute in Nordamerika das Telefonnetz auf.[4] Das Unternehmen AT&T ist heute ein Telekommunikationsriese und beschäftigt über 140 Tausend Mitarbeiter.[5]

In dem Patent US 174,465, das am 7. März 1876 erteilt wurde, wird die Umwandlung einer menschlichen Stimme in elektrische Schwingungen und die Rückumwandlung in Schallwellen beschrieben.

Abb. 7.2 zeigt den Trichter A, in den hinein gesprochen wird, wodurch eine Membran a in Schwingungen versetzt wird. An der Membran a ist ein Stück Eisen befestigt, das durch die Schwingungen der Membran a in Bewegung gerät und damit in der Spule einen Strom induziert. Dieser Strom wird über die Leitung e übertragen, wobei der Strom in der Empfängerspule ein Magnetfeld erzeugt, das die Membran des Empfängers anzieht und damit Schallwellen erzeugt, die von dem Trichter L an das Ohr des Empfängers geleitet werden.

Der Hauptanspruch des Patents lautet: „A system of telegraphy in which the receiver is set in vibration by the employment of undulatory currents of electricity, substantially as set forth."[6]

Der Anspruch beschreibt das Ansteuern eines Empfängermagneten zur Erzeugung von Schallwellen.

[3] DPMA, https://depatisnet.dpma.de/DepatisNet/depatisnet?action=pdf&docid=US000000001647A&xxxfull=1, abgerufen am 28.03.2026.

[4] Wikipedia, https://de.wikipedia.org/wiki/Alexander_Graham_Bell, abgerufen am 28.03.2026.

[5] Wikipedia, https://de.wikipedia.org/wiki/AT%26T, abgerufen am 28.03.2026.

[6] DPMA, https://depatisnet.dpma.de/DepatisNet/depatisnet?action=pdf&docid=US000000174465A&xxxfull=1, abgerufen am 28.03.2026.

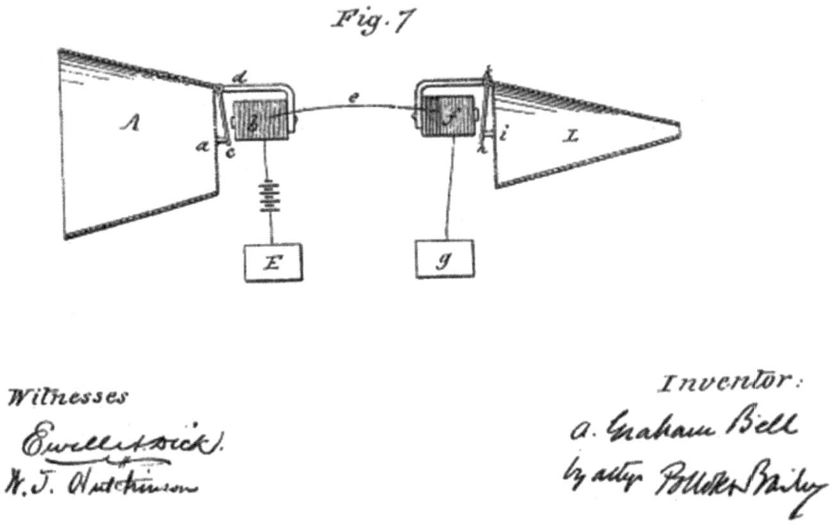

Abb. 7.2 Fig. 1 der US174465. (DPMA, https://depatisnet.dpma.de/DepatisNet/depatisnet?action=pdf&docid=US000000174465A&xxxfull=1, abgerufen am 28.03.2026)

7.3 Funktelegrafie

Guglielmo Marconi, geboren am 25. April 1874 und gestorben am 20. Juli 1937, war ein Pionier der drahtlosen Datenübertragung.[7] In seinem Patent GB 12,039, das am 2. Juli 1897 erteilt wurde, beschreibt er sein drahtloses Kommunikationssystem mit Hilfe von Radiowellen.[8] Das Patent stellt den Startpunkt der drahtlosen Telegrafie dar. Marconi erhielt 1909 für seine Erfindung der Funktelegrafie den Nobelpreis für Physik.

Abb. 7.3 zeigt den Sender mit der Batterie E und dem Schalter D, wobei bei einem geschlossenen Schalter D die Spule R mit Strom versorgt wird und ein Magnetfeld aufbaut. Wird der Schalter D geöffnet, erzeugt die Spule R kurzzeitig einen sehr hohen Strom, der sich aus ihrem kollabierenden Magnetfeld ergibt. Dieser hohe Strom erzeugt einen Funken zwischen den Metallkugeln G und H, wodurch elektromagnetische Wellen erzeugt werden, die von einem Empfänger aufgenommen werden.

Der Empfänger besteht im Wesentlichen aus dem Fritter/Kohärer T, der kleine Metallspäne aufweist, die gegeneinander durch eine Oxidschicht isoliert sind, wodurch trotz der Spannungsquelle K kein Strom durch den Stromkreis fließt. Treffen auf den Kohärer die

[7] Wikipedia, https://de.wikipedia.org/wiki/Guglielmo_Marconi, abgerufen am 04.04.2026.

[8] Google Patents, https://patents.google.com/patent/GB189612039A/en#:~:text=translated%20from,of%20an%20induction%20coil%20R., abgerufen am 17.04.2026.

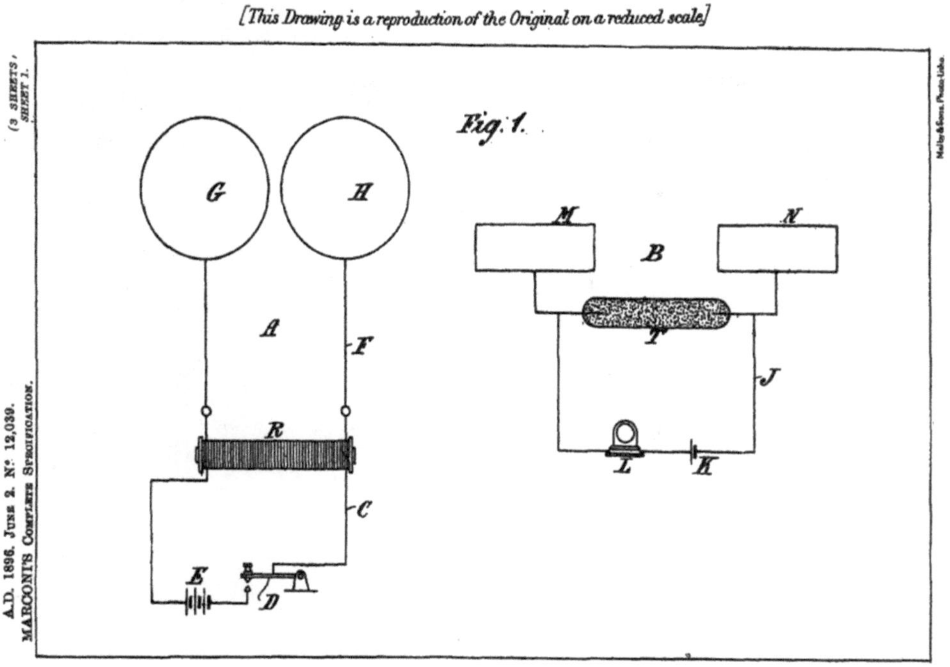

Abb. 7.3 Fig. 1 der GB 12,039. (DPMA, https://depatisnet.dpma.de/DepatisNet/depatisnet?action=pdf&docid=GB000189612039A&xxxfull=1, abgerufen am 28.03.2026)

von der Funkenstrecke G-H ausgesendeten Hochfrequenzimpulse, können die Oxidschichten durchbrochen werden und der Kohärer wird leitend. Es fließt in dem Stromkreis ein Strom und die Glocke L beginnt zu läuten.

7.4 Fernsehen

Das Patent US 1,773,980, das am 26. August 1930 erteilt wurde, beschreibt das erste vollelektronische Fernsehsystem, das die mechanischen Systeme ablöste. Kernelement des Patents ist der Image Dissector, der eine Bildzerlegung erlaubt. Der Erfinder des Patents US 1,773,980 ist Philo Taylor Farnsworth, der am 19. August 1906 geboren wurde und am 11. März 1971 gestorben ist. Obwohl Farnsworth Pionierleistungen im Bereich der Fernsehtechnik leistete, war er mit seiner fortschrittlichen Technik wirtschaftlich nicht erfolgreich. Die Radio Corporation of America RCA versuchte zu dieser Zeit mit viel Geld und einer Heerschar von Anwälten, die aufkommende Fernsehtechnik mit Patenten zu monopolisieren. RCA konnte Farnsworth als Konkurrenten weitgehend ausschalten, sodass Farnsworth seine Erfindung nie lukrativ verwerten konnte.

Das Patent beschreibt eine Linse, die ein aufzunehmendes Bild auf eine Kathode projiziert. An der Stelle, an der Licht auf die Kathode fällt, werden durch die Photonen Elektronen aus der Kathode geschleudert. Ist das auftreffende Licht sehr hell und sind daher an dieser Stelle sehr viele Photonen, werden besonders viele Elektronen aus der Kathode geschlagen. Es ergibt sich daher eine Abbildung des Bildes in Form einer Elektronenwolke, die an hellen Stellen sehr viele Elektronen aufweist und an dunklen Stellen nur wenige Elektronen umfasst. Mittels Ablenkspulen wird die Elektronenwolke vor einer Öffnung hin- und her-verschoben und die Elektronen durch eine positive Spannung in die Öffnung gezogen. Eine hohe Anzahl von Elektronen hat dabei einen hohen Strom zur Folge und eine kleine Anzahl an Elektronen nur einen geringen Strom. Auf diese Weise kann ein flächiges Bild in einzelne Stromflüsse gewandelt und übertragen werden.

Der Hauptanspruch des Patents lautet: „The method of television which includes forming an electrical image, and traversing each elementary area of the electrical image by an electric shutter at a velocity sufficient to cover the entire image within the optical period."[9]

Der Anspruch beschreibt die Verschiebung der Elektronenwolke vor einer Öffnung, und zwar mit einer hohen Geschwindigkeit, sodass das komplette „Elektronenbild" innerhalb einer optischen Periode, also bis zur Abtastung des nächstes Bildes, vollständig ausgelesen ist.

Abb. 7.4 zeigt in der Fig. 2 den Prozess des Erzeugens einer Elektronenwolke als Abbildung eines Bilds bis zum bereichsweisen Umwandeln von Elektronen in einen elektrischen Strom. Das Licht eines Objekts wird durch Prismen und Linsen 122 bis 124 in die Röhre 125 projiziert. In dieser ist die Fotokathode 127, die je nach Lichteinfall Elektronen emittiert. Erfolgt ein Lichteinfall mit hoher Intensität werden viele Elektronen ausgesandt. Bei geringem Lichteinfall werden wenige oder keine Elektronen aus der Kathode herausgelöst. Der Effekt des Emittierens von Elektronen beruht auf dem fotoelektrischen Effekt, bei dem durch Photonen Elektronen in einem Atom eine derartig hohe Energie erhalten, dass sie aus dem Atom geschleudert werden. Um die Röhre 125 sind Magnetspulen 127 angeordnet, die den Aufbau der Elektronenwolke aufrecht halten. Die Elektronenwolke wird durch Ablenkspulen über einer Öffnung 131 bewegt, wobei die Elektronen in der Nähe der Öffnung zu einem Strom führen, wobei sich je nach Bereich der Elektronenwolke ein Strom ergibt. Damit die Elektronenwolke zur Öffnung 131 wandert wird sie von einer positiven Spannung angezogen. In der Fig. 3 ist die dazugehörende elektronische Schaltung mit Vakuumröhren 159, 165 und 173 dargestellt.

[9] DPMA, https://depatisnet.dpma.de/DepatisNet/depatisnet?action=pdf&docid=US000001773980A&xxxfull=1, abgerufen am 28.03.2026.

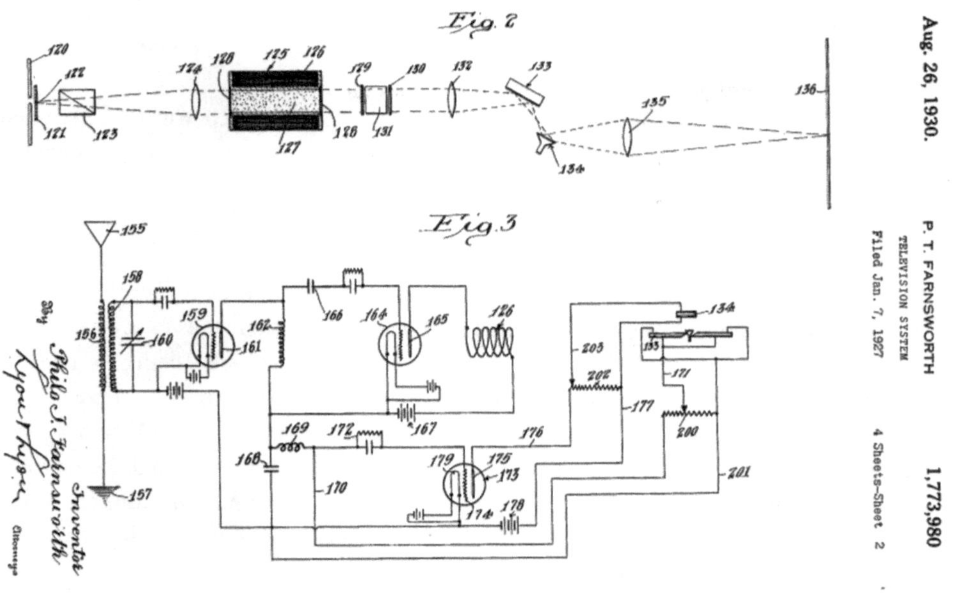

Abb. 7.4 Fig. 2 und 3 der US1773980. (DPMA, https://depatisnet.dpma.de/DepatisNet/depatisnet?action=pdf&docid=US000001773980A&xxxfull=1, abgerufen am 28.03.2026)

7.5 Mobilfunknetz

Das Patent US 3,906,166, das am 16. September 1975 erteilt wurde, stellt die erste Beschreibung eines modernen Mobilfunknetzes dar. Der Hauptanspruch des Patents lautet: „A portable radio telephone system comprising:

a first base station transmitter site having a first predetermined coverage area and means for simultaneously transmitting signals on a first outgoing signalling channel and a plurality of first outgoing communications channels;

a plurality of first receiver sites associated with said first base station transmitter site, each first receiver site having a first predetermined reception area smaller than said first predetermined coverage area, each of said first receiver sites being located for causing at least a portion of each of said first reception areas to overlap a portion of said first coverage area, each first receiver site having means for simultaneously receiving signals on a first incoming signalling channel paired with said first outgoing signalling channel and a plurality of first incoming communications channels, each of said first incoming communications channels being paired with one of said first outgoing communications channels;

means connecting said first base station transmitter site and said first receiver sites, said connecting means including means for comparing the strength of the signals received by said first receiver sites and for placing the first receiver site receiving the strongest signal on the first incoming signalling channel in electrical communication with said first base station transmitter site;

a second base station transmitter site having a second predetermined coverage area and means for simultaneously transmitting signals on a second outgoing signalling channel and a plurality of second outgoing communications channels;

a plurality of second receiver sites associated with said second base station transmitter site, each second receiver site having a second predetermined reception area smaller than said second predetermined coverage area, each of said second receiver sites being located for causing at least a portion of each of said second reception areas to overlap a portion of said second coverage area, one of said second receiver sites being located for causing at least a portion of the second reception area thereof to overlap a portion of said first coverage area, each second receiver site having means for simultaneously receiving signals on a second incoming signalling channel paired with said second outgoing signalling channel and a plurality of second incoming communications channels, each of said second incoming communications channels being paired with one of said second outgoing communications channels; and

means connecting said second base station transmitter site and said second receiver sites, said last mentioned connecting means including means for comparing the strength of the signals received by said second receiver sites and for placing the second receiver sites receiving the strongest signal on the second incoming signalling channel in electrical communication with said second base station transmitter."[10]

Der Anspruch beschreibt ein Mobilfunksystem, das eine vollständige Abdeckung sicherstellt. Eine Besonderheit ist die asymmetrische Abdeckung durch Sendereinheiten und Empfangseinheiten. Die Sender des Mobilfunknetzes sind stark, sodass die einzelnen Sender einen großen Bereich abdecken und daher einen großen Abstand zueinander aufweisen. Im Gegensatz dazu muss die Dichte der Empfangseinheiten hoch sein, da die Smartphones nur schwache Signale absenden. Außerdem gibt es eine Überlappung, wobei die einzelnen Empfangseinheiten ermitteln, welche jeweilige Empfangseinheit das stärkste Signal empfängt. Die Signale dieser Empfangseinheit werden weitergeleitet. Die anderen Signale von demselben Smartphone werden ignoriert.

[10] DPMA, https://depatisnet.dpma.de/DepatisNet/depatisnet?action=pdf&docid=US000003906166A&xxxfull=1, abgerufen am 28.03.2026.

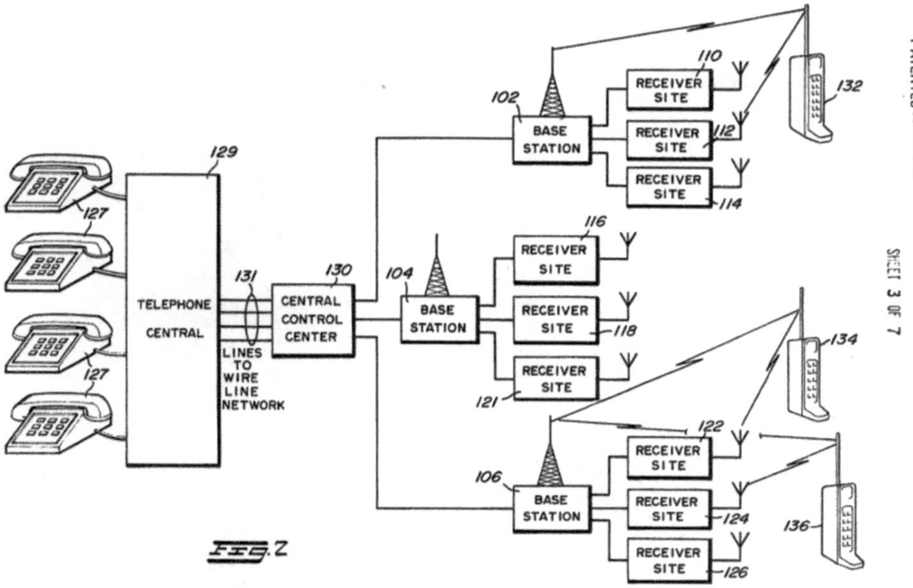

Abb. 7.5 Fig. 2 der US3906166. (DPMA, https://depatisnet.dpma.de/DepatisNet/depatisnet?action=pdf&docid=US000003906166A&xxxfull=1, abgerufen am 28.3.2026)

Abb. 7.5 zeigt die Struktur eines Mobilfunknetzes mit einer starken Sendestation (Base Station) und vielen Empfangseinheiten (Receiver Sites), um die schwachen Signale der Smartphones zu empfangen.

Abb. 7.6 zeigt eine Aufspaltung in abzudeckende Mobilfunk-Zellen.

Als Vater des Mobiltelefons gilt Martin Cooper, der einer der Erfinder des Patents ist. Cooper tätigte am 3. April 1973 in New York das erste Telefonat mit einem Mobiltelefon, indem er bei den Bell Labs anrief, die zur gleichen Zeit an der Mobiltelefonie arbeiteten.[11]

[11] Wikipedia, https://de.wikipedia.org/wiki/Martin_Cooper#:~:text=Cooper%20ist%20Gesch%C3-%A4ftsf%C3%BChrer%20und%20Gr%C3%BCnder,der%20Forschung%20und%20Entwicklung%20gearbeitet., abgerufen am 18.04.2026.

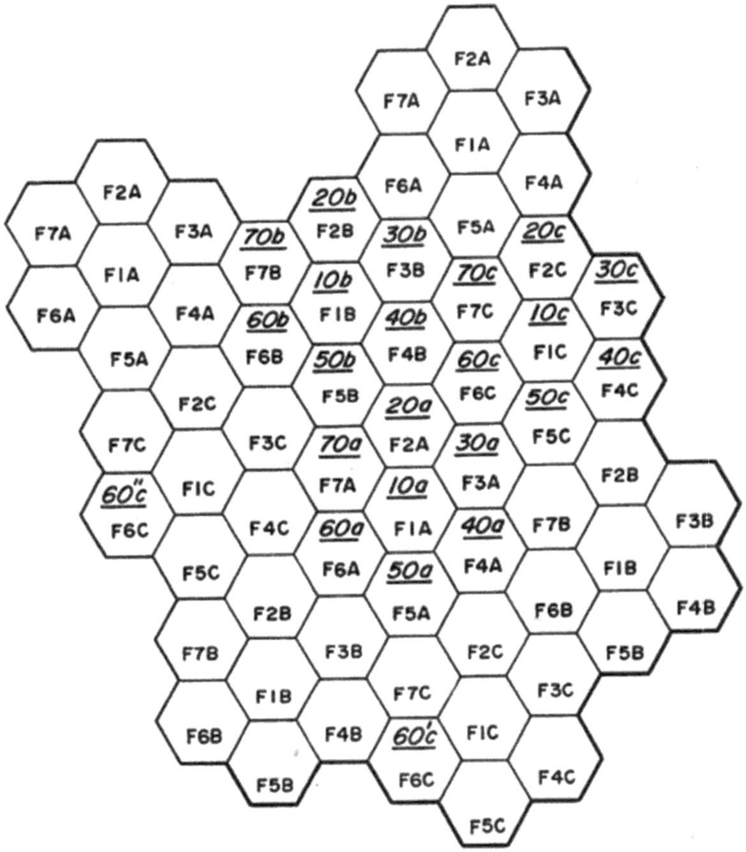

FIG. 1

Abb. 7.6 Fig. 1 der US3906166. (DPMA, https://depatisnet.dpma.de/DepatisNet/depatisnet?action=pdf&docid=US000003906166A&xxxfull=1, abgerufen am 28.03.2026)

7.6 Frequenzsprungverfahren

Das Frequenzsprungverfahren dient heute der zuverlässigen Datenübertragung in Bluetooth-Netzen. Entwickelt wurde es zunächst für das Militär, um eine sichere Steuerung von Torpedos zu gewährleisten. Das Patent US 6,590,928, das am 8. Juli 2003 erteilt wurde, beschreibt die Anwendung des Frequenzsprungverfahrens für drahtlose IT-Netzwerke.[12]

[12] DPMA, https://depatisnet.dpma.de/DepatisNet/depatisnet?action=pdf&docid=US000006590928B1&xxxfull=1, abgerufen am 28.03.2026.

Beim Frequenzsprungverfahren wird die Übertragungsfrequenz ständig geändert, sodass es sehr unwahrscheinlich ist, dass die Datenübertragung konstant gestört wird. Das Verfahren kann mit einem Gespräch verglichen werden, das die Gesprächspartner an ständig wechselnden Orten führen. Es ist unwahrscheinlich, dass an allen Orten das Gespräch gestört wird. Ein Datenverlust durch Störung an einem einzelnen Ort kann daher die Übertragung der Informationen nicht insgesamt verhindern.

Der Hauptanspruch des Patents lautet: „A wireless network comprising: a master unit; and a slave unit, wherein the master unit comprises: means for sending a master address to the slave unit; means for sending a master clock to the slave unit; and means for communicating with the slave unit by means of a virtual frequency hopping channel; wherein the slave unit comprises: means for receiving the master address from the master unit; means for receiving the master clock from the master unit; and means for communicating with the master unit by means of the virtual frequency hopping channel; and wherein: a hopping sequence of the virtual frequency hopping channel is a function of the master address, and the master address is a unique unit identifying address; and a phase of the hopping sequence is a function of the master clock."[13]

Der Anspruch beschreibt die konkrete Realisierung des Frequenzsprungverfahrens, bei dem zunächst ein Master, beispielsweise ein Laptop, und ein Slave, beispielsweise Kopfhörer, bestimmt werden. Der Master bestimmt die Frequenzwechsel und die jeweilige Dauer einer einzelnen Kommunikationseinheit, wobei zur Ermittlung der Frequenzen die Adresse des Masters genutzt wird und die Dauer der Benutzung einer Frequenz durch die Master Clock bestimmt wird. Der Erfinder des Patents ist Jacobus Cornelis Haartsen.

7.7 Global Positioning System

Die Grundlage des GPS wurde von Roger L. Easton entwickelt, der seine technische Lehre in dem Patent US 3,789,409, das am 29. Januar 1974 erteilt wurde, beschrieben hat. Es offenbart, wie ein Nutzer seine eigene Position anhand von drei Satelliten bestimmt.

Abb. 7.7 zeigt die Positionsbestimmung eines Schiffs mittels nur zwei Satelliten. Es kann bereits eine verlässliche Ortsbestimmung erfolgen, wenn die Signale von nur zwei Satelliten empfangen werden. Voraussetzung ist allerdings, dass weitere Informationen vorliegen, insbesondere die Höhe. Bei der Positionsbestimmung eines Schiffs ist dies der Fall, da die Meereshöhe bekannt ist. In der Realität werden jedoch Signale von sehr vielen Satelliten genutzt, insbesondere 8 bis 12 unterschiedlichen Satelliten, um eine hohe Genauigkeit der Ortsbestimmung zu gewährleisten.

Der Hauptanspruch des Patents lautet: „A navigation system comprising:

[13] DPMA, https://depatisnet.dpma.de/DepatisNet/depatisnet?action=pdf&docid=US000006590928B1&xxxfull=1, abgerufen am 28.03.2026.

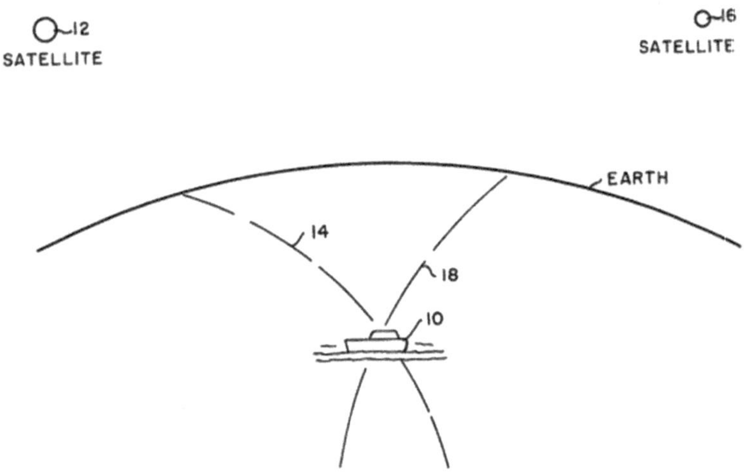

FIG. 1.

Abb. 7.7 Fig. 1 der US3789409. (DPMA, https://depatisnet.dpma.de/DepatisNet/depatisnet?action=pdf&docid=US000003789409A&xxxfull=1, abgerufen am 28.03.2026)

at least two earth satellites, the instantaneous locations of which are precisely known, each satellite including transmitting means for broadcasting multifrequency signals derived from a first extremely stable oscillator, and

a navigator's station including:

receiving means for receiving said broadcast multifrequency signals;

signal generating means including a second extremely stable oscillator for producing multifrequency signals the same as said broadcast signals, and

phase comparison means connected to said receiving means and to said signal generating means for comparing the phase of said received multifrequency signals to the phase of said produced multifrequency signals

whereby the location of said navigator's station can be determined from the intersection of lines of position established by detecting the station's distance from the instantaneously known location of the satellites derived from said phase comparisons without the necessity of betraying the presence of said navigator's station by an interrogation signal."[14]

Das Besondere an dem Verfahren zur Positionsbestimmung ist, dass der Nutzer keine Vorrichtung zum Senden von Signalen benötigt. Allein durch das Empfangen der Satellitensignale, die einem Phasenvergleich unterzogen werden, kann eine Ortsbestimmung erfolgen. Bei einem Phasenvergleich wird die zeitliche Lage von Signalen miteinander verglichen. Das Ergebnis des Phasenvergleichs hängt vom Ort der Ermittlung der Satellitensignale ab, sodass sich aus dem Phasenvergleich die Ortsbestimmung ergibt.

[14] DPMA, https://depatisnet.dpma.de/DepatisNet/depatisnet?action=pdf&docid=US000003789409A&xxxfull=1, abgerufen am 28.03.2026.

8 Chemie

Die Chemie ist die Lehre der Stoffe und ihrer Veränderungen. In der Chemie können vier große Bereiche unterschieden werden. Es gibt die anorganische Chemie, die sich mit Metallen, Kristallen und Gesteinen befasst. Die organische Chemie basiert auf der Anwendung von Kohlenstoff und führte zur Entwicklung von Kunststoffen und Medikamenten. Die Biochemie erklärt die Vorgänge in Körperzellen und beschreibt insbesondere den Stoffwechsel. Die physikalische Chemie berechnet die Zeitdauer von Reaktionen und bestimmt die Stabilität von Molekülen.

8.1 Ammoniaksynthese

Das Patent DE 235421, das am 13. Oktober 1908 erteilt wurde, beschreibt die Synthese von Ammoniak aus Luftstickstoff und Wasserstoff. Hierdurch wurde die Herstellung von Kunstdünger ermöglicht. Das Verfahren erlangte als Haber-Bosch-Verfahren große Bekanntheit. Der Erfinder des Patents ist der deutsche Chemiker Fritz Jakob Haber, geboren am 9. Dezember 1868 und gestorben am 29. Januar 1934. Für die technische Lehre der Ammoniaksynthese erhielt Haber 1918 den Nobelpreis für Chemie.[1]

Das Patent beschreibt die Verbindung von Luftstickstoff mit Wasserstoff, wobei ein Druck von ca. 200 bar und eine Temperatur von 500° Celsius erforderlich ist. Um nicht noch höhere Temperaturen zu benötigen, wird ein Katalysator verwendet.

Der Hauptanspruch des Patents lautet: „Verfahren zur synthetischen Darstellung von Ammoniak aus den Elementen, wobei ein geeignetes Gemenge von Stickstoff und Wasserstoff kontinuierlich der Ammoniakbildung mittels erhitzter Katalysatoren und nachfolgender Ammoniakentziehung unterworfen wird, dadurch gekennzeichnet, daß hierbei

[1] Wikipedia, https://de.wikipedia.org/wiki/Fritz_Haber, abgerufen am 18.04.2026.

T. H. Meitinger, *50 wegweisende Hightech-Patente*,
https://doi.org/10.1007/978-3-662-73667-8_8

unter dauerndem Druck gearbeitet und dafür gesorgt wird, daß die Wärme der ammoniakhaltigen Reaktionsgase auf das von neuem der Reaktion zu unterwerfende ammoniakfreie Gasgemisch übertragen wird."[2]

8.2 Bakelit[3]

Bakelit ist der erste synthetisch hergestellte Kunststoff und wurde vom belgischen Chemiker Leo Hendrik Baekeland, geboren am 14. November 1863 und gestorben am 23. Februar 1944, in seinem Patent US 942,699, das am 7. Dezember 1909 erteilt wurde, beschrieben. Bakelit hat das Zeitalter der Kunststoffe aus industriell hergestellten Grundstoffen eingeläutet.[4]

Leo Baekeland war bereits vor der Entwicklung seines Kunststoffs Bakelit ein erfolgreicher Erfinder. Sein Fotopapier Velox konnte er an Eastman Kodak für einen hohen Betrag verkaufen. Für Eastman Kodak war die Erfindung Velox von Baekeland der Durchbruch, da das Fotopapier unter künstlichem Licht entwickelt werden konnte und daher Sonnenlicht nicht mehr notwendig war. Eine wesentliche Voraussetzung für eine industrielle Herstellung von Fotografien.[5]

Der Hauptanspruch des Patents zur Herstellung des Kunststoffs lautet: „The method of producing a hard, compact, insoluble and infusible condensation product of phenols and formaldehyde, which consists in reacting upon a phenolic body with formaldehyde, and then converting the product into a hard, insoluble and infusible body by the combined action of heat and pressure."[6]

Die erfinderische Tätigkeit des Patents bestand darin, das Verfahren bei hohem Druck und hoher Hitze ablaufen zu lassen, wodurch Blasenbildung vermieden wurde und der Prozess der chemischen Vernetzung vollständig erfolgte.

8.3 Nylon

Das Patent US 2,130,948, das am 20. September 1938 erteilt wurde, beschreibt die Herstellung der ersten Kunstfaser. Das Patent bedeutete den Beginn der industriellen Herstellung von synthetischen Polyamid.

[2] DPMA, https://depatisnet.dpma.de/DepatisNet/depatisnet?action=pdf&docid=DE000000235421A&xxxfull=1, abgerufen am 29.03.2026.

[3] „Bakelit" ist insbesondere in Deutschland eine eingetragene Marke der Bakelite GmbH, https://www.tmdn.org/tmview/#/tmview/detail/DE500000000505667, abgerufen am 17.04.2026.

[4] Wikipedia, https://de.wikipedia.org/wiki/Leo_Hendrik_Baekeland, abgerufen am 05.04.2026.

[5] Wikipedia, https://de.wikipedia.org/wiki/Leo_Hendrik_Baekeland, abgerufen am 17.04.2026.

[6] DPMA, https://depatisnet.dpma.de/DepatisNet/depatisnet?action=pdf&docid=US000000942699A&xxxfull=1, abgerufen am 29.03.2026.

Der Hauptanspruch des Patents lautet: „In the manufacture of polymeric materials the steps which comprise heating at polyamide-forming temperatures a diprimary diamine with approximately equimolecular proportions of a member of the group consisting of dicarboxylic acids in which each carboxyl group is attached to an aliphatic carbon atom, amide-forming derivatives of such dicarboxylic acids, and amide-forming derivatives of carbonic acid, and continuing such heating until a polymer is produced which is capable of yielding continuous filaments that can be tied into hard knots.“[7]

Der Anspruch beschreibt die Herstellung von Polyamiden, wobei das erfinderische Verfahren solange fortgesetzt wird, bis die Fäden aus Polyamid in der gewünschten Länge und Festigkeit vorliegen. Der Erfinder des Patents ist Wallace Hume Carothers, der mit Nylon das erste vollsynthetische Polymer entwickelte. Außerdem geht auf ihn die Entwicklung von Neopren und Polyester zurück. Carothers wurde am 27. April 1896 geboren und ist am 29. April 1937 gestorben.[8]

[7] DPMA, https://depatisnet.dpma.de/DepatisNet/depatisnet?action=pdf&docid=US000002130948A&xxxfull=1, abgerufen am 29.03.2026.

[8] Wikipedia, https://de.wikipedia.org/wiki/Wallace_Hume_Carothers#:~:text=Im%20April%201930%20entdeckte%20sein%20Team%20das,(beteiligt%20war%20unter%20anderem%20Julian%20Werner%20Hill)., abgerufen am 18.04.2026.

Medizin

9

Die Medizin hat drei Aufgaben. Zum einen dient sie der Prävention. Das Auftreten von Krankheiten soll bereits verhindert werden. Wichtige Aspekte hierbei sind eine Ernährung, die der Erhaltung des Körpers dient, und eine regelmäßige sportliche Betätigung. Mit der Diagnostik kann der Körper auf Krankheiten untersucht werden. Die Therapie soll wieder zu einem gesunden Körper führen. Eine Therapie kann beispielsweise durch Medikamente oder Operationen gelingen.

9.1 Aspirin[1]

Das Patent US 644,077, das am 27. Februar 1900 erteilt wurde, beschreibt die Herstellung des Wirkstoffs Acetylsalicylsäure, das unter dem Markennamen „Aspirin" zum ersten pharmazeutischen Blockbuster der Welt wurde.[2] Aspirin ist ein wirksames Schmerzmedikament und ist noch heute eines der weltweit meistverkauften Medikamente. Als Erfinder von Aspirin gilt der deutsche Chemiker Felix Hoffmann, dem auch die Entwicklung von Heroin zugeschrieben wird. Hoffmann wurde am 21. Januar 1868 geboren und ist am 8. Februar 1946 gestorben.[3] Die Abb. 9.1 zeigt die US-Patentschrift, die den Wirkstoff von Aspirin beanspruchte.

[1] „Aspirin" ist insbesondere eine eingetragene Marke der Bayer Intellectual Property GmbH, https://register.dpma.de/DPMAregister/marke/register/396426697/DE, abgerufen am 17.04.2026.

[2] DPMA, https://depatisnet.dpma.de/DepatisNet/depatisnet?action=pdf&docid=US000000644077A&xxxfull=1, abgerufen am 05.04.2026.

[3] Wikipedia, https://de.wikipedia.org/wiki/Felix_Hoffmann_(Chemiker), abgerufen am 18.04.2026.

T. H. Meitinger, *50 wegweisende Hightech-Patente*,
https://doi.org/10.1007/978-3-662-73667-8_9

UNITED STATES PATENT OFFICE.

FELIX HOFFMANN, OF ELBERFELD, GERMANY, ASSIGNOR TO THE FARBEN-FABRIKEN OF ELBERFELD COMPANY, OF NEW YORK.

ACETYL SALICYLIC ACID.

SPECIFICATION forming part of Letters Patent No. 644,077, dated February 27, 1900.

Application filed August 1, 1898. Serial No. 687,385. (Specimens.)

To all whom it may concern:

Be it known that I, FELIX HOFFMANN, doctor of philosophy, chemist, (assignor to the FARBENFABRIKEN OF ELBERFELD COMPANY, of New York,) residing at Elberfeld, Germany, have invented a new and useful Improvement in the Manufacture or Production of Acetyl Salicylic Acid; and I hereby declare the following to be a clear and exact description of my invention.

In the *Annalen der Chemie und Pharmacie*, Vol. 150, pages 11 and 12, Kraut has described that he obtained by the action of acetyl chlorid on salicylic acid a body which he thought to be acetyl salicylic acid. I have now found that on heating salicylic acid with acetic anhydride a body is obtained the properties of which are perfectly different from those of the body described by Kraut. According to my researches the body obtained by means of my new process is undoubtedly the real acetyl salicylic acid

$$C_6H_4\left\langle\begin{matrix}OCO.CH_3\\COOH.\end{matrix}\right.$$

Therefore the compound described by Kraut cannot be the real acetyl salicylic acid, but is another compound. In the following I point out specifically the principal differences between my new compound and the body described by Kraut.

If the Kraut product is boiled even for a long while with water, (according to Kraut's statement,) acetic acid is not produced, while my new body when boiled with water is readily split up, acetic and salicylic acid being produced. The watery solution of the Kraut body shows the same behavior on the addition of a small quantity of ferric chlorid as a watery solution of salicylic acid when mixed with a small quantity of ferric chlorid—that is to say, it assumes a violet color. On the contrary, a watery solution of my new body when mixed with ferric chlorid does not assume a violet color. If a melted test portion of the Kraut body is allowed to cool, it begins to solidify (according to Kraut's statement) at from 118° to 118.5° centigrade, while a melted test portion of my product solidifies at about 70° centigrade. The melting-points of the two compounds cannot be compared, because Kraut does not give the melting-point of his compound. It follows from these details that the two compounds are absolutely different.

In producing my new compound I can proceed as follows, (without limiting myself to the particulars given:) A mixture prepared from fifty parts of salicylic acid and seventy-five parts of acetic anhydride is heated for about two hours at about 150° centigrade in a vessel provided with a reflux condenser. Thus a clear liquid is obtained, from which on cooling a crystalline mass is separated, which is the acetyl salicylic acid. It is freed from the acetic anhydride by pressing and then recrystallized from dry chloroform. The acid is thus obtained in the shape of glittering white needles melting at about 135° centigrade, which are easily soluble in benzene, alcohol, glacial acetic acid, and chloroform, but difficultly soluble in cold water. It has the formula

$$C_6H_4\left\langle\begin{matrix}OCOCH_3\\COOH\end{matrix}\right.$$

and exhibits therapeutical properties.

Having now described my invention and in what manner the same is to be performed, what I claim as new, and desire to secure by Letters Patent, is—

As a new article of manufacture the acetyl salicylic acid having the formula:

$$C_6H_4\left\langle\begin{matrix}O.COCH_3\\COOH\end{matrix}\right.$$

being when crystallized from dry chloroform in the shape of white glittering needles, easily soluble in benzene, alcohol and glacial acetic acid, difficultly soluble in cold water, being split by hot water into acetic acid and salicylic acid, melting at about 135° centigrade, substantially as hereinbefore described.

In testimony whereof I have signed my name in the presence of two subscribing witnesses.

FELIX HOFFMANN.

Witnesses:
R. E. JAHN,
OTTO KÖNIG.

Abb. 9.1 Aspirin-Patentschrift US644077. (DPMA, https://depatisnet.dpma.de/DepatisNet/depatisnet?action=pdf&docid=US000000644077A&xxxfull=1, abgerufen am 05.04.2026)

9.2 Penicillin

Die antibakterielle Wirkung des Pilzes Penicillium wurde bereits 1874 von dem Chirurgen Christian Albert Theodor Billroth, der am 26. April 1829 geboren wurde und am 6. Februar 1894 verstorben ist, entdeckt.[4] Die industrielle Produktion, und damit die Möglichkeit sehr vielen Menschen Penicillin zur Verfügung zu stellen, gelang jedoch erst in den 1940-Jahren.[5] In dem Patent US 2,442,141, das am 25. Mai 1948 erteilt wurde, wird das Verfahren zur Massenproduktion von Penicillin beschrieben.

Der Hauptanspruch des Patents US 2,442,141 lautet: „A method for producing penicillin comprising incubating a pencillin-producing mold in contact with an aqueous nutrient medium containing an assimilable carbon source and containing from 5,0 to 150 g. of degraded proteinaceous material per liter of medium, a portion of the assimilable carbon source being added at the beginning of the incubation period and additional increments thereof being added during the period to compensate for that used up by the mold, the total amount of assimilable carbon source used being from 5,0 to 150 g. per liter of medium."[6]

Der Anspruch beschreibt ein Fed-Batch-Verfahren, bei dem ein Schimmelpilz mit degradiertem Protein inkubiert wird. Schrittweise erfolgt eine Zugabe von Kohlenstoff, wodurch die Produktionsmenge optimiert wird. Bei einem Fed-Batch-Verfahren werden die einzelnen „Zutaten" nicht sofort zusammengeführt, sondern in zeitlich gestaffelten Portionen zugegeben. Durch das Fed-Batch-Verfahren kann der Herstellprozess verlängert werden, wodurch der Schimmelpilz erheblich mehr Wirkstoff produzieren kann. Der Erfinder des Patents ist Andrew J. Moyer.

9.3 Herzschrittmacher

Das Patent US 3,057,356, das am 9. Oktober 1962 erteilt wurde, beschreibt den ersten vollständig implantierbaren Herzschrittmacher. Der Herzschrittmacher gibt periodisch elektrische Signale an das Herz des Trägers und stellt damit eine gleichbleibende Herzfrequenz sicher. Der Erfinder ist Wilson Greatbatch, geboren am 6. September 1919 und gestorben am 27. September 2011. Der Herzschrittmacher von Greatbatch wurde von einer Lithiumbatterie mit elektrischer Energie versorgt.[7]

Der Hauptanspruch des Patents lautet: „An electronic cardiac pacemaker for performing heart control functions comprising, in combination, a battery powered, transistorized, pulse producing circuit cast in a potting compound, a thin, wafer-like envelope for-

[4] Wikipedia, https://de.wikipedia.org/wiki/Theodor_Billroth, abgerufen am 05.04.2026.

[5] Wikipedia, https://de.wikipedia.org/wiki/Penicilline, abgerufen am 29.03.2026.

[6] DPMA, https://depatisnet.dpma.de/DepatisNet/depatisnet?action=pdf&docid=US000002442141A&xxxfull=1, abgerufen am 29.03.2026.

[7] Wikipedia, https://de.wikipedia.org/wiki/Wilson_Greatbatch, abgerufen am 19.04.2026.

med about said pulse producing circuit, a pair of spaced electrodes for contacting a section of cardiac tissue, and transmission means extending between said pulse producing circuit and said spaced electrodes, said envelope, electrodes, and transmission means being constructed from material compatible with the environment of the human body to permit their implantation therein.“[8]

Der Anspruch beschreibt den vollständig implantierbaren Herzschrittmacher, der aus elektronischen Bauteilen besteht, die in einer Vergussmasse eingegossen sind, und die Elektroden zur Übertragung der Impulse an das Herz. Der Herzschrittmacher und die Elektroden sind von einer biokompatiblen Schicht umhüllt.

Abb. 9.2 zeigt in den Figuren 1 und 2 die elektronische Schaltung zur periodischen Erzeugung der Impulse. Fig. 3 zeigt den in der Vergussmasse eingegossenen Herzschrittmacher 11 und die Elektroden 13, die in das Herzgewebe eingebracht werden.

9.4 Magnetresonanztomografie

Das Patent US 3,789,832, das am 5. Februar 1974 erteilt wurde, beschreibt zum ersten Mal die Anwendung der Kernspinresonanz NMR für diagnostische Zwecke. Der US-amerikanische Mediziner Raymond Vahan Damadian, geboren am 16. März 1936 und gestorben am 3. August 2022, entdeckte, dass sich die Relaxationszeiten von krankem und gesundem Gewebe unterscheiden.[9] Bei dem kranken Gewebe kann es sich insbesondere um Tumorgewebe handeln. NMR steht für Nuclear (Kern) Magnetic Resonance. Die Kerne von Atomen weisen einen Eigendrehimpuls auf, den Spin, der sich bei Anlegen eines Magnetfelds ausrichtet. Diese Ausrichtung wird mit Radiowellen in der Resonanzfrequenz gestört. Wird die Bestrahlung mit den Radiowellen abgeschaltet, richten sich die Spins wieder nach dem externen Magnetfeld aus. Die Zeitdauer hierzu wird Relaxationsdauer genannt.

Der Hauptanspruch des Patents lautet: „A method for detecting cancer comprising:

a. measuring and establishing standard NMR spin-lattice relaxation times and spin-spin relaxation times for both normal and cancerous tissue of the type under analysis using as an indicator nuclei at least one nuclei which exhibits deviant behavior in cancerous tissue;
b. measuring the NMR spin-lattice relaxation times and spin-spin relaxation times for the suspected tissue to determine the extent of deviant behavior of the indicator nuclei; and
c. comparing the values obtained in (b) against the standards obtained in (a).“[10]

[8] DPMA, https://depatisnet.dpma.de/DepatisNet/depatisnet?action=pdf&docid=US000003057356A&xxxfull=1, abgerufen am 29.03.2026.

[9] Wikipedia, https://de.wikipedia.org/wiki/Raymond_Damadian, abgerufen am 04.04.2026.

[10] DPMA, https://depatisnet.dpma.de/DepatisNet/depatisnet?window=1&space=main&content=captcha&action=pdf&docid=US000003789832A&xxxfull=1, abgerufen am 19.04.2026.

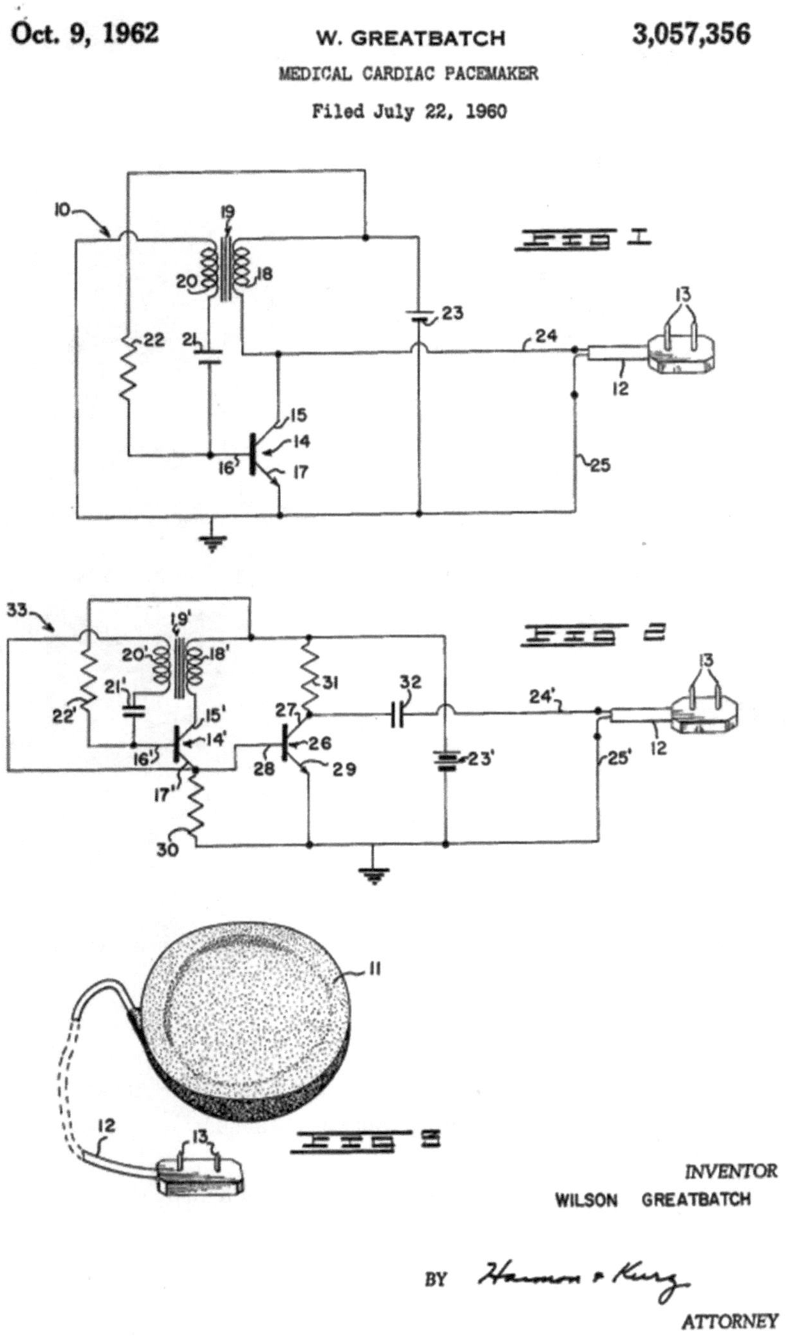

Abb. 9.2 Fig. 1, 2 und 3 der US3057356. (DPMA, https://depatisnet.dpma.de/DepatisNet/depatisnet?action=pdf&docid=US000003057356A&xxxfull=1, abgerufen am 29.03.2026)

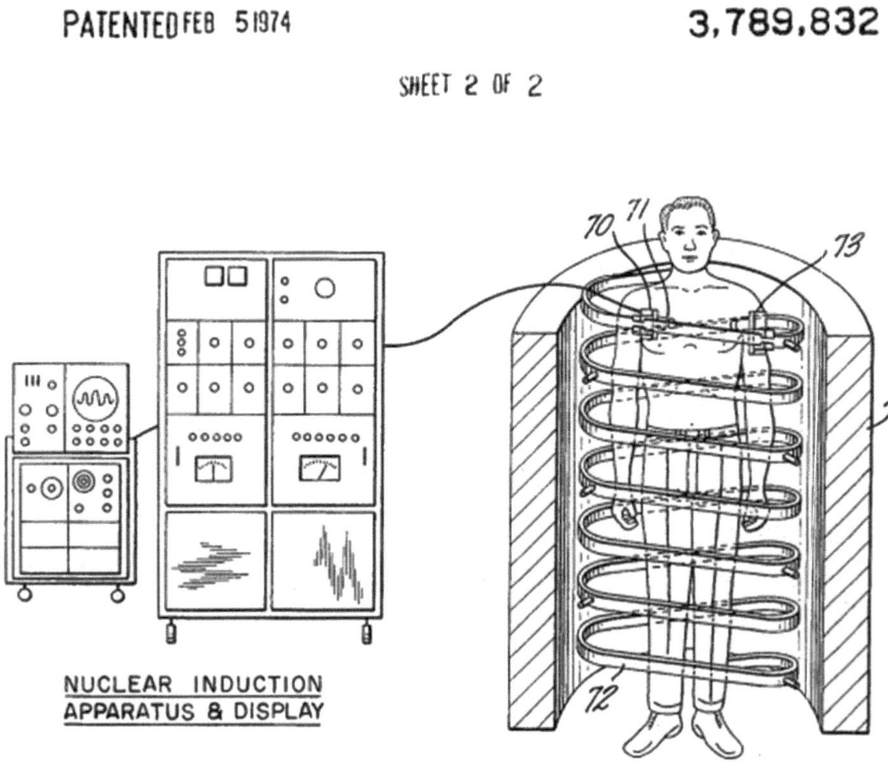

FIG. 2

Abb. 9.3 Fig. 2 der US3789832. (DPMA, https://depatisnet.dpma.de/DepatisNet/depatisnet?action=pdf&docid=US000003789832A&xxxfull=1, abgerufen am 29.03.2026)

Der Anspruch beschreibt den Vergleich der Relaxationszeiten von gesundem Gewebe mit einem zu untersuchenden Gewebe, wobei eine Abweichung der Relaxationszeit des zu untersuchenden Gewebes von der Relaxationszeit von gesundem Gewebe auf eine Erkrankung hindeutet.

Abb. 9.3 zeigt eine zu untersuchende Person in einem Magnetfeld, die zusätzlich mit Radiowellen mit einer Resonanzfrequenz beaufschlagt wird.

Biotechnologie

10

Die Biotechnologie stellt die Kombination von Biologie und Technik dar. Es werden drei Bereiche der Biotechnologie unterschieden. Die „Rote" Biotech befasst sich mit Medikamenten und Gentherapien. Die „Grüne" Biotech entwickelt resistente Nutzpflanzen, um die Verwendung von Pestiziden zu verringern, und die „Weiße" Biotech beschäftigt sich mit Enzymen und Mikroorganismen für industrielle Prozesse.

10.1 Rekombinante DNA-Technik

In dem Patent US 4,237,224, das am 2. Dezember 1980 erteilt wurde, wird das Einfügen von Genen in eine fremde DNA beschrieben. Insbesondere können auf diese Weise Bakterien gentechnisch verändert werden, um Medikamente, beispielsweise Insulin, herzustellen. Die Erfinder des Patents sind Stanley Norman Cohen, geboren am 17. Februar 1935,[1] und Herbert W. Boyer, geboren am 10. Juli 1936. Boyer gründete mit Genentech das weltweit erste Biotech-Unternehmen.[2] Cohen und Boyer gelten als die Begründer der Gentechnik.[3]

Der Hauptanspruch des Patents lautet: „A method for replicating a biologically functional DNA, which comprises: transforming under transforming conditions compatible unicellular organisms with biologically functional DNA to form transformants; said biologically functional DNA prepared in vitro by the method of:

[1] Wikipedia, https://de.wikipedia.org/wiki/Stanley_Norman_Cohen, abgerufen am 19.04.2026.

[2] Wikipedia, https://de.wikipedia.org/wiki/Herbert_W._Boyer, abgerufen am 19.04.2026.

[3] Wikipedia, https://de.wikipedia.org/wiki/Stanley_Norman_Cohen, abgerufen am 19.04.2026.

T. H. Meitinger, *50 wegweisende Hightech-Patente*,
https://doi.org/10.1007/978-3-662-73667-8_10

(a) cleaving a viral or circular plasmid DNA compatible with said unicellular organism to provide a first linear segment having an intact replicon and termini of a predetermined character;
(b) combining said first linear segment with a second linear DNA segment, having at least one intact gene and foreign to said unicellular organism and having termini ligatable to said termini of said first linear segment, wherein at least one of said first and second linear DNA segments has a gene for a phenotypical trait, under joining conditions where the termini of said first and second segments join to provide a functional DNA capable of replication and transcription in said unicellular organism;
growing said unicellular organisms under appropriate nutrient conditions; and
isolating said transformants from parent unicellular organisms by means of said phenotypical trait imparted by said biologically functional DNA.“[4]

Der Anspruch beschreibt das Einfügen fremder Gene in eine DNA einzelliger Organismen, insbesondere Bakterien.

10.2 Polymerase-Kettenreaktion

Mit der Polymerase-Kettenreaktion kann aus einer winzigen Menge an DNA milliardenfache Kopien erzeugt werden. Das Problem der Polymerase-Kettenreaktion ist, dass bereits eine sehr geringe Verunreinigung das Ergebnis verfälschen kann. Das Prinzip der Polymerase-Kettenreaktion ist, dass die doppelstrangige DNA aufgeteilt wird und die Einzelstränge wieder komplettiert werden. Diese werden wieder aufgetrennt und wieder die Gegenstränge gebildet und mit den Einzelsträngen komplettiert. Die entstandenen DNA-Sequenzen werden wieder in Einzelstränge aufgeteilt und so weiter, sodass sich die Anzahl der DNA-Stränge mit jedem Reproduktionszyklus verdoppelt. Nach einem Zyklus liegen daher 2 DNA-Stränge vor, nach 2 Zyklen sind es 4 DNA-Stränge, nach 3 Zyklen erhält man 8 DNA-Stränge, nach 4 Zyklen sind es 16. Die Anzahl der DNA-Stränge verdoppelt sich daher mit jedem Produktionszyklus und nach 20 Zyklen liegen über eine Million identischer DNA-Stränge vor.

Das Patent US 4,683,202, das am 28. Juli 1987 erteilt wurde, beschreibt die PCR-Methode. Der Erfinder des Patents ist Kary Banks Mullis, geboren am 28. Dezember 1944 und gestorben am 7. August 2019, der für die technische Lehre dieses Patents den Nobelpreis für Chemie erhielt.

Der Hauptanspruch des Patents lautet: „A process for amplifying at least one specific nucleic acid sequence contained in a nucleic acid or a mixture of nucleic acids wherein each nucleic acid consists of two separate complementary strands, of equal or unequal length, which process comprises:

[4] DPMA, https://depatisnet.dpma.de/DepatisNet/depatisnet?action=pdf&docid=US000004237224A&xxxfull=1, abgerufen am 29.03.2026.

(a) treating the strands with two oligonucleotide primers, for each different specific sequence being amplified, under conditions such that for each different sequence being amplified an extension product of each primer is synthesized which is complementary to each nucleic acid strand, wherein said primers are selected so as to be sufficiently complementary to different strands of each specific sequence to hybridize therewith such that the extension product synthesized from one primer, when it is separated from its complement, can serve as a template for synthesis of the extension product of the other primer;
(b) separating the primer extension products from the templates on which they were synthesized to produce single-stranded molecules; and
(c) treating the single-stranded molecules generated from step (b) with the primers of step (a) under conditions that a primer extension product is synthesized using each of the single strands produced in step (b) as a template."[5]

Der Anspruch beschreibt das PCR-Prinzip der Strangtrennung und zyklischer Verdoppelung von DNA-Sequenzen. Das PCR-Verfahren führte zu Fortschritten in der Forensik, da bereits durch Hautschuppen oder einem einzelnen Haar ein Täter identifiziert werden konnte. Außerdem wurden hochpräzise und kostengünstige Vaterschaftstests durch das PCR-Verfahren ermöglicht.

10.3 Harvard-Onco-Maus

Das Patent US 4,736,866, das am 12. April 1988 erteilt wurde, beschreibt eine genetisch veränderte Maus, die Krebs entwickelt, um an ihr Krebstherapien zu testen. Das Patent stellt das erste gewerbliche Schutzrecht auf ein Lebewesen dar. Ein Lebewesen kann daher eine Erfindung sein und patentrechtlich beansprucht werden. Voraussetzung ist allerdings, dass das Erbgut des Tiers erheblich modifiziert wird.

Der Hauptanspruch lautet: „A transgenic non-human mammal all of whose germ cells and somatic cells contain a recombinant activated oncogene sequence introduced into said mammal, or an ancestor of said mammal, at an embryonic stage."[6]

Der Anspruch umfasst jedes Säugetier, das die beschriebene genetische Veränderung erfahren hat. Das Patent beansprucht daher nicht nur Mäuse, sondern jegliche Tierarten, die die besondere Veränderung in jeder Zelle des Körpers aufweisen.

Die Erfinder der „Krebsmaus" sind Philip Leder, geboren am 19. November 1934 und gestorben am 2. Februar 2020, und Timothy A. Stewart.[7]

---

[5] DPMA, https://depatisnet.dpma.de/DepatisNet/depatisnet?action=pdf&docid=US000004683202A&xxxfull=1, abgerufen am 29.03.2026.

[6] DPMA, https://depatisnet.dpma.de/DepatisNet/depatisnet?action=pdf&docid=US000004736866A&xxxfull=1, abgerufen am 30.03.2026.

[7] Wikipedia, https://de.wikipedia.org/wiki/Philip_Leder, abgerufen am 19.04.2026.

10.4 Klonschaf Dolly

Das Patent GB 2,318,578, dessen Erteilung am 19. Januar 2000 veröffentlicht wurde, beschreibt das Klonen eines Lebewesens. In einem ersten Schritt wird einem erwachsenen Tier Spenderzellen entnommen. Die Spenderzellen müssen in einen „Ruhezustand“ versetzt werden, was durch den Entzug von Nährstoffen gelingt. Dieser Schritt stellt tatsächlich die wesentliche Erkenntnis dar, die das Klonen ermöglicht. Die Spenderzelle wird vorbereitet und in eine entkernte Eizelle transferiert. Die behandelte Eizelle wird von einem Leihmutter-Tier ausgetragen. Das so entstandene Tier stellt die exakte Kopie des Spendertiers dar.

Diese Technik war insbesondere für die Stammzellforschung wichtig, da durch das Klonen Stammzellen für einen Menschen erzeugt werden, die exakt den Stammzellen entsprechen, aus denen der Mensch hervorgegangen ist. Mit den neu gewonnenen Stammzellen können Organe erhalten werden, die von dem Körper des Spenders nicht abgestoßen werden, da sie als körpereigen angenommen werden.

Der Hauptanspruch des Patents lautet: „Verfahren zum Rekonstituieren eines nichtmenschlichen tierischen Embryos, wobei das Verfahren das Transferieren des Nucleus einer ruhenden diploiden Spenderzelle in eine passende Empfängerzelle enthält.“ (europäisches Patent EP 0 849 990 B1 der Patentfamilie)[8]

Als Erfinder werden in dem Patent Keith Henry Stockman Campbell und Sir Ian Wilmut genannt. Wilmut wurde am 7. Juli 1944 geboren und ist am 10. September 2023 gestorben. Wilmut galt zunächst als der geistige Vater des Klonschafs. Im „Klon-Skandal“ wurde offenbar, dass diese Ehre seinem Kollegen Keith Campbell zusteht. Wilmut hatte zu Unrecht den Ruhm und die Ehrungen geerntet.[9] Keith Campbell wurde am 23. Mai 1954 geboren und ist am 5. Oktober 2012 gestorben.[10]

[8] DPMA, https://depatisnet.dpma.de/DepatisNet/depatisnet?action=pdf&docid=EP000000849990B1&xxxfull=1&famSearchFromHitlist=1, abgerufen am 30.03.2026.

[9] Wikipedia, https://de.wikipedia.org/wiki/Ian_Wilmut, abgerufen am 19.04.2026.

[10] Wikipedia, https://de.wikipedia.org/wiki/Keith_Campbell_(Biologe), abgerufen am 19.04.2026.

11 Künstliche Intelligenz

Die Künstliche Intelligenz durchdringt unser privates und geschäftliches Leben. Es gibt bereits eine hohe Anzahl an Anbietern von Künstlicher Intelligenz, die durch ihre Mächtigkeit beeindrucken. Der Gebrauch der Künstlichen Intelligenz wird bald so selbstverständlich sein, wie heute das Smartphone.

11.1 Perzeptron

Das Patent US 3,287,649, das am 22. November 1966 erteilt wurde, beschreibt die erste Computerarchitektur, die als neuronales Netz mit elektronischen Bauteilen realisiert wurde. Der Erfinder des Perzeptron ist Frank Rosenblatt, der am 11. Juli 1928 geboren wurde und am 11. Juli 1971 verstorben ist. Rosenblatt taufte seinen Computer „Perzeptron". Perzeptron ist von dem Lateinischen percipere abgeleitet, das „wahrnehmen" bedeutet. Mit dem Perzeptron konnten bereits einfache Sprachmuster erkannt werden. Rosenblatt war Psychologe und Informatiker und lieferte auch das grundlegende Konzept für den Mark I, der der erste lernfähige Computer war.[1] Der Mark I wurde zwischen 1943 und 1944 von Howard H. Aiken und einem Team der IBM hergestellt und ist ein aus Relais aufgebauter früher Computer.[2]

Abb. 11.1 zeigt die Struktur des Perzeptrons, der als der Vorläufer der neuronalen Netze der heutigen Künstlichen Intelligenz gilt.

Der Hauptanspruch lautet: „An audio signal pattern perceptron device comprising means for generating a signal, means for separating said signal into a plurality of discrete frequency bands, a threshold response unit for each such band, to thereby define a first plu-

[1] DPMA, https://de.wikipedia.org/wiki/Frank_Rosenblatt, abgerufen am 18.04.2026.

[2] Wikipedia, https://de.wikipedia.org/wiki/Mark_I_(Computer), abgerufen am 18.04.2026.

T. H. Meitinger, *50 wegweisende Hightech-Patente*,
https://doi.org/10.1007/978-3-662-73667-8_11

Nov. 22, 1966 F. ROSENBLATT 3,287,649

AUDIO SIGNAL PATTERN PERCEPTION DEVICE

Filed Sept. 9, 1963 4 Sheets-Sheet 1

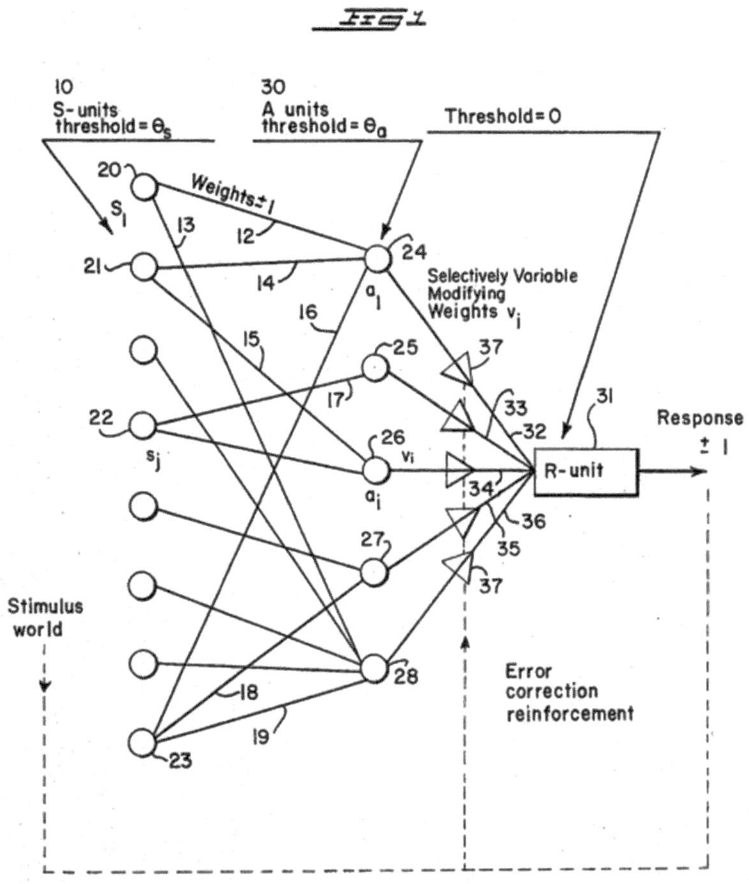

INVENTOR
FRANK ROSENBLATT

BY Stowell & Stowell
ATTORNEYS

Abb. 11.1 Fig. 1 der US3287649. (DPMA, https://depatisnet.dpma.de/DepatisNet/depatisnet?action=pdf&docid=US000003287649A&xxxfull=1, abgerufen am 30.03.2026.)

rality of threshold response units, the outputs of each said threshold response units existing only when the inputs thereto exceed a predetermined value, the output of each said threshold response unit coupled to a delay line, each said threshold response unit having its own distinct delay line, each said delay line composed of a plurality of individually variable time delay units which serially and sequentially trigger each other, said individual delay units in each said delay line generating an output when triggered, said outputs lasting each for a predetermined length of time, means for feeding said outputs to a second threshold response unit, said second threshold response unit being one of a second plurality of threshold response units distinct from said first plurality of threshold response units, whereby the signal received by each of said second threshold response units is the time and amplitude sum of the output of the delay line coupled thereto, and a final response unit coupled to a plurality of said second threshold response units.“[3]

Der Anspruch beschreibt eine Mustererkennung eines Audiosignals. Ein eingehendes Audiosignal wird in unterschiedliche Frequenzbereiche unterteilt. Für jeden Frequenzbereich wird eine Schwelle bestimmt. Ist das Audiosignal in diesem Frequenzbereich lauter als der Schwellwert, wird ein Signal generiert. Die einzelnen möglichen Signale werden zeitverzögert, sodass sich eine zeitliche Abfolge von Signalen ergibt. Hierdurch ergibt sich ein Muster, das mit Mustern anderer Audiosignale verglichen werden kann.

Abb. 11.2 zeigt den Ablauf der Analyse des Audiosignals.

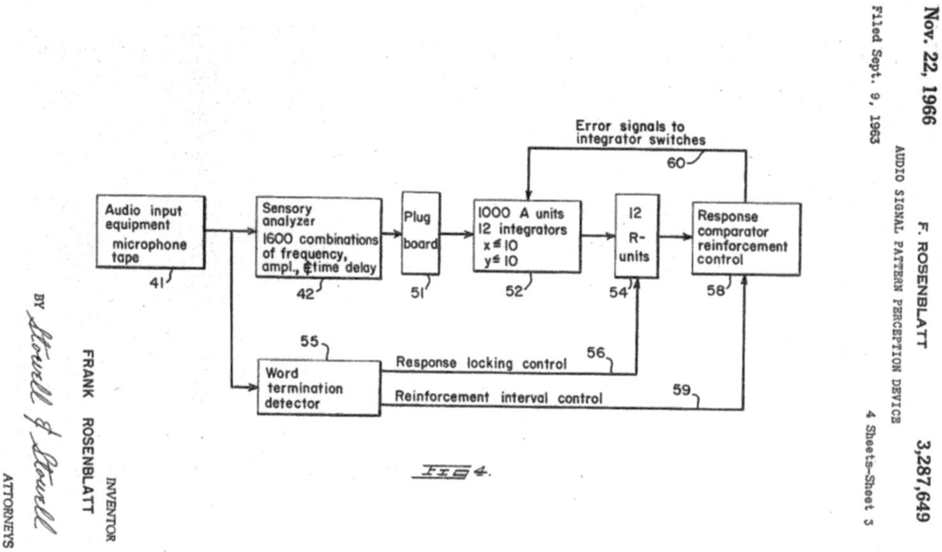

Abb. 11.2 Fig. 4 der US3287649. (DPMA, https://depatisnet.dpma.de/DepatisNet/depatisnet?action=pdf&docid=US000003287649A&xxxfull=1, abgerufen am 30.03.2026)

[3] DPMA, https://depatisnet.dpma.de/DepatisNet/depatisnet?action=pdf&docid=US000003287649A&xxxfull=1, abgerufen am 30.03.2026.

11.2 PageRank

Das Patent US 6,285,999, das am 4. September 2001 erteilt wurde, beschreibt den ursprünglichen Algorithmus, mit dem Google das Internet für seine Suchmaschine ordnete. Der beschriebene Algorithmus bewertet nicht nur die Inhalte einer Website, sondern auch die Links, die zu dieser Website verweisen. Eine Website erhält eine gute Bewertung, falls viele Links auf sie verweisen und falls diese Links von Websites stammen, die Google bereits als wichtig bewertet hat. Der aktuelle Google-Algorithmus wurde erheblich weiterentwickelt. Beispielsweise misst Google heute, wie zufrieden ein Nutzer mit einer Website ist. Außerdem findet eine Bewertung der Vertrauenswürdigkeit einer Website statt.

Abb. 11.3 zeigt, dass die Websites B und C auf die Website A verweisen und deswegen wird die Website A hoch gerankt.

Abb. 11.4 zeigt, wie Rankings an Websites verteilt werden. Verweist eine Website auf zwei Websites wird deren eigenes Ranking an die beiden Websites zu gleichen Teilen vererbt.

Der Hauptanspruch des Patents lautet: „A computer implemented method of scoring a plurality of linked documents, comprising: obtaining a plurality of documents, at least some of the documents being linked documents, at least some of the documents being lin-

U.S. Patent Sep. 4, 2001 Sheet 1 of 3 US 6,285,999 B1

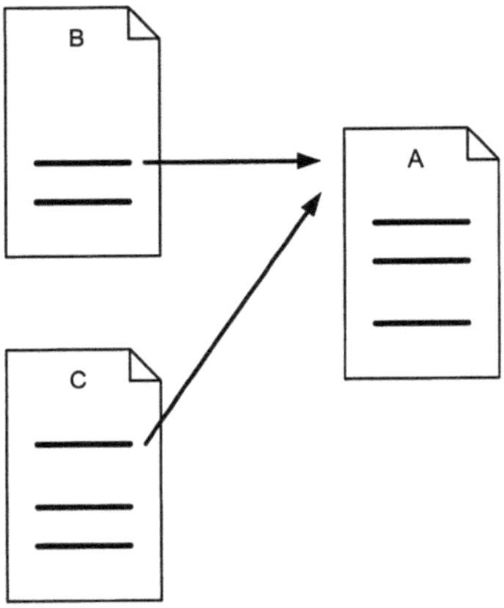

FIG. 1

Abb. 11.3 Fig. 1 der US6285999. (DPMA, https://depatisnet.dpma.de/DepatisNet/depatisnet?action=pdf&docid=US000006285999B1&xxxfull=1, abgerufen am 30.03.2026)

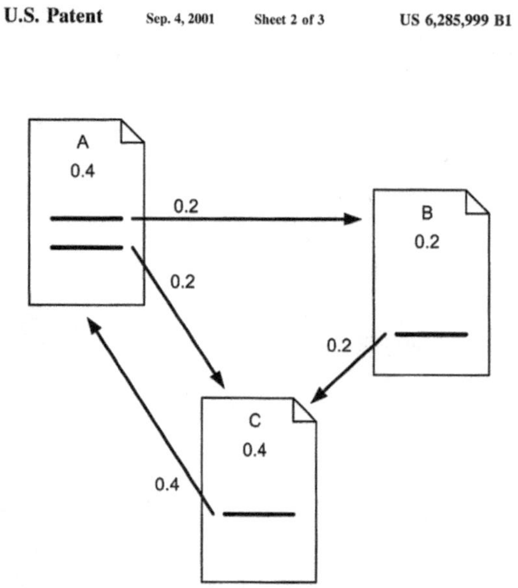

FIG. 2

Abb. 11.4 Fig. 2 der US6285999. (DPMA, https://depatisnet.dpma.de/DepatisNet/depatisnet?action=pdf&docid=US000006285999B1&xxxfull=1, abgerufen am 30.03.2026)

king documents, and at least some of the documents being both linked documents and linking documents, each of the linked documents being pointed to by a link in one or more of the linking documents; assigning a score to each of the linked documents based on scores of the one or more linking documents and processing the linked documents according to their scores.“[4]

Der Anspruch beschreibt das Ranking einer Website, wobei es relevant ist, ob auf die Website verwiesen wird und welche Bewertung die Website selbst aufweist, die verweist. Der Erfinder des Patents ist Lawrence Edward „Larry“ Page, geboren am 26. März 1973. Page hat zusammen mit Sergey Brin die Firma Google gegründet. Einer der Hauptgründe für den rasanten Erfolg von Google war der Algorithmus PageRank.[5] Google LLC wurde am 4. September 1998 gegründet.[6]

---

[4] DPMA, https://depatisnet.dpma.de/DepatisNet/depatisnet?action=pdf&docid=US000006285999B1&xxxfull=1, abgerufen am 30.03.2026.

[5] Wikipedia, https://de.wikipedia.org/wiki/Larry_Page, abgerufen am 19.04.2026.

[6] Wikipedia, https://de.wikipedia.org/wiki/Google_LLC, abgerufen am 19.04.2026.

11.3 Word2Vec

In dem Patent US 9,037,464, das am 19. Mai 2015 erteilt wurde, wird die Umwandlung von Sprache in eine Vektordatenbank beschrieben, wodurch die Bedeutung einzelner Worte innerhalb eines sprachlichen Kontextes für Computer „berechenbar" wird. Diese Entwicklung stellt einen Meilenstein bei der Schaffung Künstlicher Intelligenz dar, da durch sie ein Computer die Bedeutung von Worten „verstehen" kann.

Die technische Lehre des Patents ist auch für eine Suchmaschine sehr wichtig, denn es ist jetzt möglich, eine semantische Ähnlichkeit zwischen einer Suchanfrage und dem Inhalt einer Website zu ermitteln. Die Qualität von Suchergebnissen kann so enorm gesteigert werden.

Der Hauptanspruch des Patents lautet: „A system comprising:

a classifier implemented in one or more computers, comprising:
  an embedding function layer configured to receive an input comprising a plurality of words that surround an unknown word in a sequence of words and map the plurality of words into a numeric representation in a high-dimensional space; and
  a classifier layer configured to process the numeric representation of the input to generate a respective word score for each word in a pre-determined set of words, wherein each of the respective word scores represents a predicted likelihood that the corresponding word is the unknown word; and
instructions to process each word in a vocabulary of words using the embedding function layer to obtain a respective numeric representation of each word in the vocabulary in the high-dimensional space and to associate each word in the vocabulary with the respective numeric representation of the word in the high-dimensional space."[7]

Der Anspruch beschreibt, dass einzelne Worte einem hochdimensionalen, mathematischen Raum zugeordnet werden, wobei Worte, die in einem ähnlichen Kontext verwendet werden, benachbart angeordnet werden. Jedem Wort wird anhand des mathematischen Raums eine zahlenmäßige Bewertung zugewiesen, aus der entnommen werden kann, wie wahrscheinlich das Wort in einem bestimmten Kontext benutzt wird. Jedes Wort erhält daher einen bestimmten Zahlenwert, mit dem der Computer Bedeutungen und Kontexte bestimmen kann.

Abb. 11.5 zeigt die „Berechnung" eines Worts anhand der benachbarten Worte (word(t-N) … word(t−1), word(t + 1)…word(t + N)). Aus diesen ergibt sich ein Wort, das voraussichtlich in den Kontext passt: predicted word.

Abb. 11.6 zeigt wie ein Computer aus einem einzelnen Wort ermitteln kann, welche Worte in seinen Kontext passen.

Die Erfinder des Patents sind Tomáš Mikolov, Kai Chen, Gregory S. Corrado und Jeffrey A. Dean.

[7] DPMA, https://depatisnet.dpma.de/DepatisNet/depatisnet?action=pdf&docid=US000009037464B1&xxxfull=1, abgerufen am 30.03.2026.

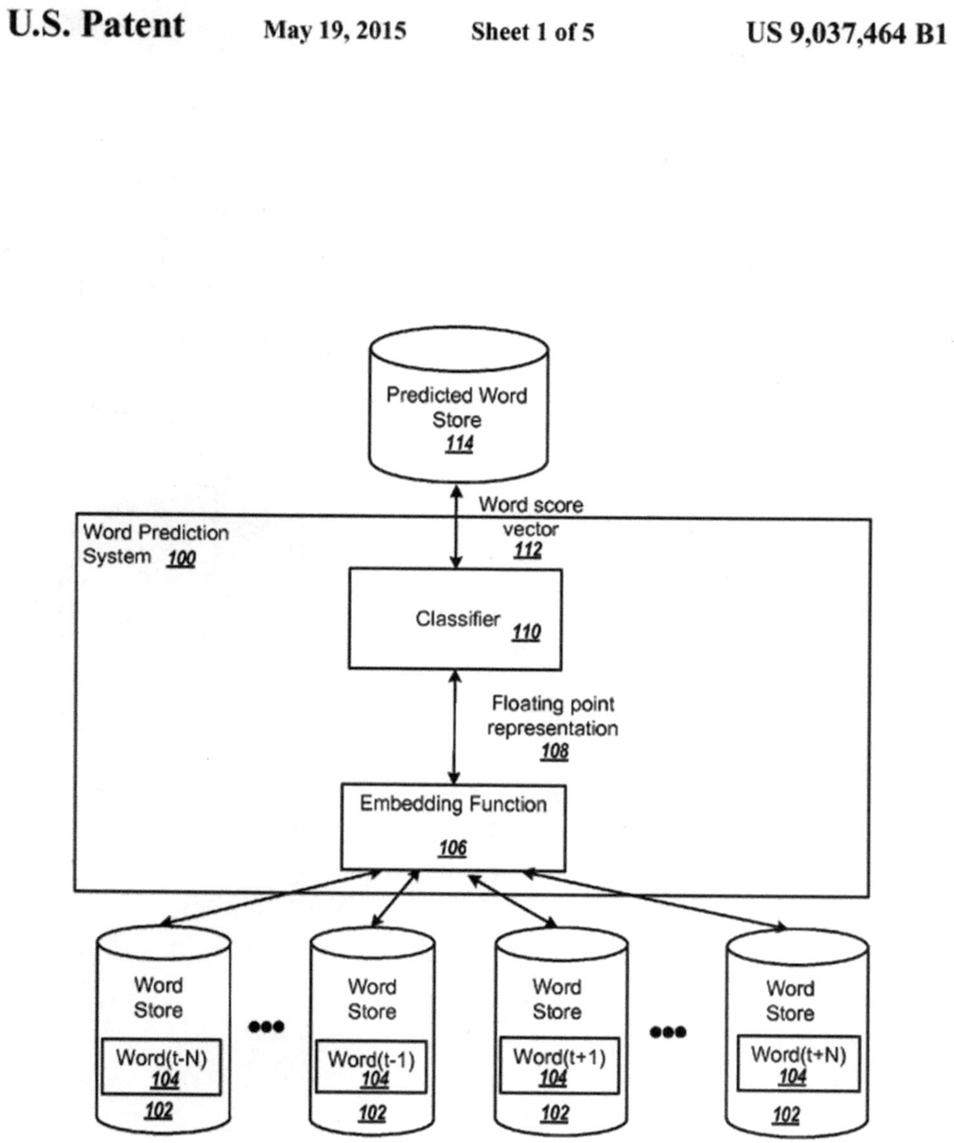

FIG. 1

Abb. 11.5 Fig. 1 der US9037464. (DPMA, https://depatisnet.dpma.de/DepatisNet/depatisnet?action=pdf&docid=US000009037464B1&xxxfull=1, abgerufen am 30.03.2026)

U.S. Patent May 19, 2015 Sheet 3 of 5 US 9,037,464 B1

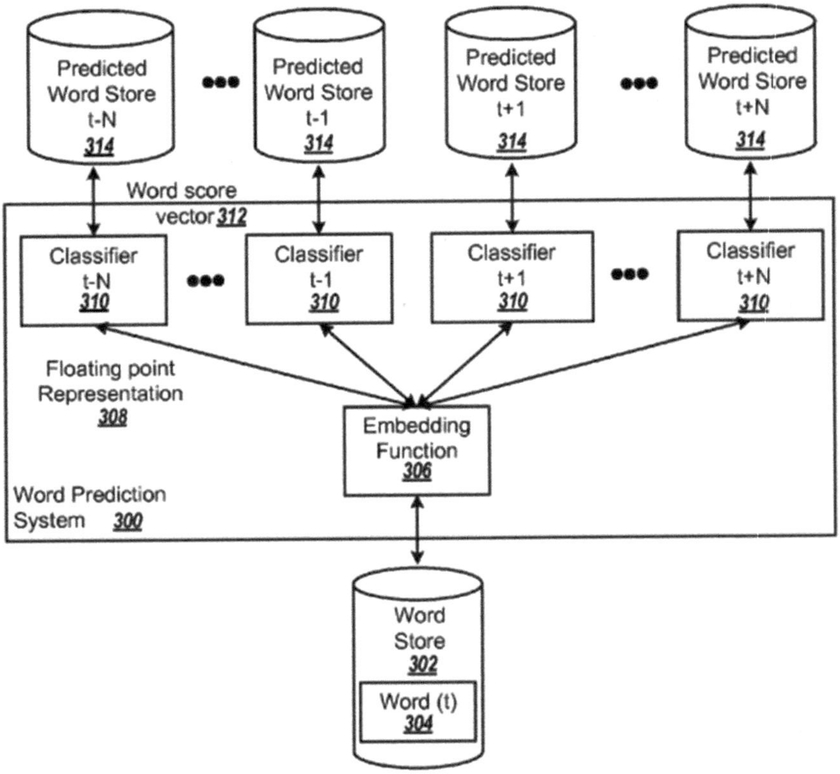

FIG. 3

Abb. 11.6 Fig. 3 der US9037464. (DPMA, https://depatisnet.dpma.de/DepatisNet/depatisnet?action=pdf&docid=US000009037464B1&xxxfull=1, abgerufen am 30.03.2026)

11.4 Dropout-Methode

Das Patent US 9,406,017, das am 2. August 2016 erteilt wurde, löst das Problem des „Overfitting". „Overfitting" ergibt sich, wenn eine Künstliche Intelligenz mit sehr vielen Daten quasi „überfüttert" wird und dann in gewisser Weise erstarrt und nur noch das Wiedergeben kann, was sie gelernt hat. Wird der Künstlichen Intelligenz dann eine etwas abgeänderte Frage gestellt, kann sie keine vernünftige Antwort geben. In dem Patent wird das Overfitting durch externe Störungen überwunden. Während des Lernens des neuronalen Netzes schaltet man bewusst einzelne Neuronen der Künstlichen Intelligenz aus, wodurch die Künstliche Intelligenz gezwungen wird, Merkmale zu erarbeiten, die auch mit Störungen bzw. Änderungen zurechtkommen. Ein künstliches Neuron ist die kleinste Recheneinheit eines künstlichen neuronalen Netzes. Ein künstliches Neuron wird alternativ als Knoten bezeichnet. Ein Erfinder des Patents ist Geoffrey Hinton, geboren am 6. Dezember 1947, der 2024 den Nobelpreis für Physik erhielt. Hinton ist ein Pionier der neuronalen Netze zum Aufbau von Künstlicher Intelligenz.

Ein neuronales Netz ist eine Softwarestruktur, die als ein Schichtenmodell dargestellt werden kann. Es gibt eine Eingabeschicht, die die Eingaben an die Software aufnimmt, und eine Ausgabeschicht, die die Resultate ausgibt. Zwischen Eingabeschicht und Ausgabeschicht sind eine beliebig hohe Anzahl an Verarbeitungsschichten angeordnet, die aus Knoten bestehen. Zu den Knoten einer Schicht führen Pfade der vorhergehenden Schicht und die Knoten dieser Schicht verweisen über Pfade zu Knoten der nachfolgenden Schicht. Von einem Knoten können mehrere Pfade zu Knoten der nachfolgenden Schicht führen. Welcher Pfad tatsächlich genutzt wird, hängt von einer Gewichtung der Pfade ab. Diese Gewichtungen ergeben sich durch das Anlernen des neuronalen Netzes und stellen die eigentliche „Intelligenz" des neuronalen Netzes dar.

Der Hauptanspruch des Patents lautet: „A computer-implemented method comprising: obtaining a plurality of training cases; and training a neural network having a plurality of layers on the plurality of training cases, each of the layers including one or more feature detectors, each of the feature detectors having a corresponding set of weights, and a subset of the feature detectors being associated with respective probabilities of being disabled during processing of each of the training cases, wherein training the neural network on the plurality of training cases comprises, for each of the training cases respectively: determining one or more feature detectors to disable during processing of the training case, comprising determining whether to disable each of the feature detectors in the subset based on the respective probability associated with the feature detector, disabling the one or more feature detectors in accordance with the determining, and processing the training case using the neural network with the one or more feature detectors disabled to generate a predicted output for the training case."[8]

Der Anspruch beschreibt das zufällige Deaktivieren von Knoten einer Künstlichen Intelligenz („Dropout"), damit die Künstliche Intelligenz Merkmale entwickelt, die auch bei bislang unbekannten Eingaben zu sinnvollen Resultaten führen.

[8] DPMA, https://depatisnet.dpma.de/DepatisNet/depatisnet?action=pdf&docid=US000009406017B2&xxxfull=1, abgerufen am 31.03.2026.

Abb. 11.7 zeigt das Verfahren der Dropout-Technologie, bei der einzelne Neuronen ausgeschaltet werden.

Abb. 11.8 zeigt den Speicher 106, der die Trainingsdaten enthält. Ein Schalter 108 kann einzelne Neuronen ausschalten, wobei die konkrete Auswahl durch einen Zufallsgenerator 110 erfolgt.

U.S. Patent Aug. 2, 2016 Sheet 2 of 2 US 9,406,017 B2

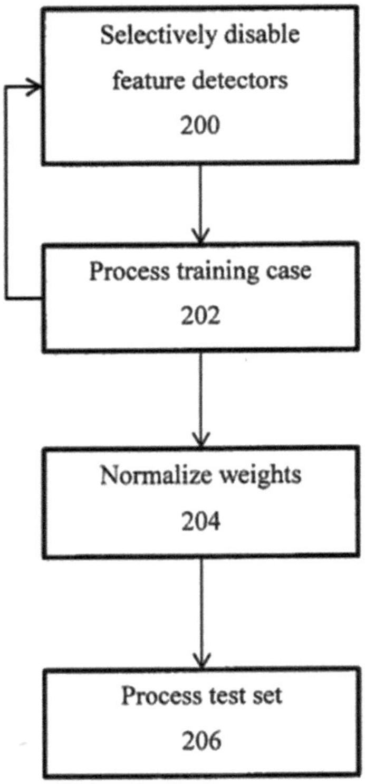

Fig. 2

Abb. 11.7 Fig. 2 der US9406017. (DPMA, https://depatisnet.dpma.de/DepatisNet/depatisnet?action=pdf&docid=US000009406017B2&xxxfull=1, abgerufen am 31.03.2026)

U.S. Patent **Aug. 2, 2016** **Sheet 1 of 2** **US 9,406,017 B2**

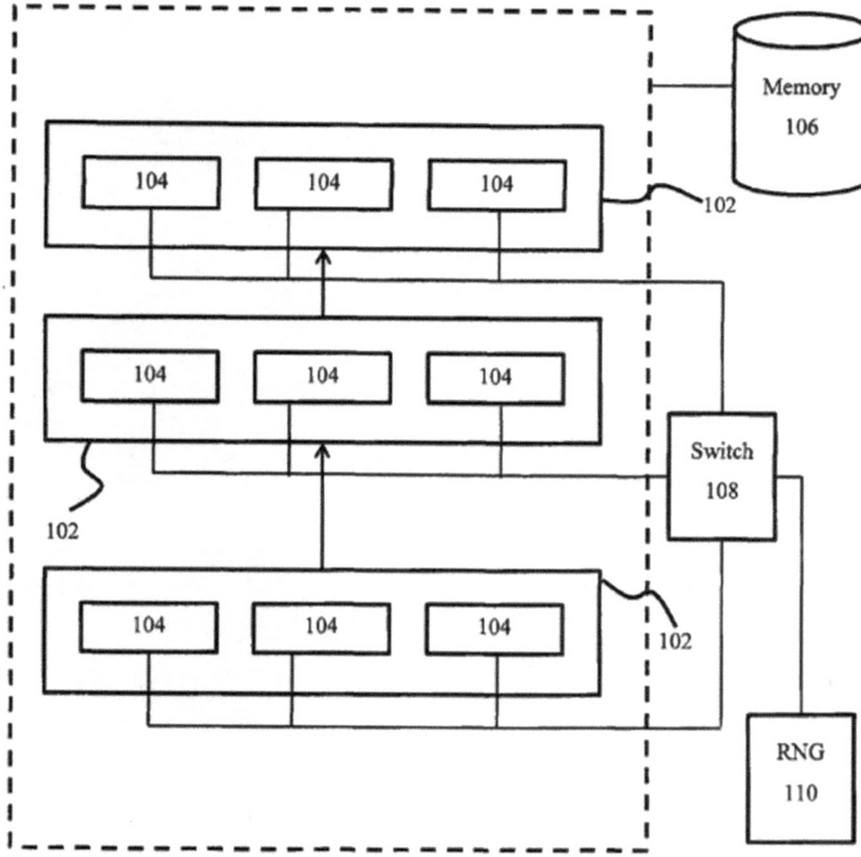

Fig. 1

Abb. 11.8 Fig. 1 der US9406017. (DPMA, https://depatisnet.dpma.de/DepatisNet/depatisnet?action=pdf&docid=US000009406017B2&xxxfull=1, abgerufen am 31.03.2026)

Roboter

12

Die ersten humanoiden Roboter werden noch ferngesteuert sein. Ein Operator in einem fernen Land wird noch aufpassen, dass der Roboter nicht außer Kontrolle gerät. Das wird ein Zwischenschritt sein. Der nächste Schritt ist das Verschmelzen von Künstlicher Intelligenz und Robotik, wodurch sich vollständig autonome Einheiten ergeben werden.

Die aktuell bedeutsamsten technischen Gebiete, nämlich die Künstliche Intelligenz, die Quantencomputertechnik und die Robotik, wachsen zusammen. Die Künstliche Intelligenz erreicht ihre Leistungsfähigkeit durch das Verarbeiten von enormen Datenmengen. Die Quantencomputertechnik ist dazu ausgelegt, umfangreiche Berechnungen blitzartig abzuarbeiten, und ist daher die richtige Antwort auf die Bedürfnisse der Künstlichen Intelligenz. Die Robotik wird der Künstlichen Intelligenz den Körper geben, um in der realen Welt in Erscheinung zu treten. Vor unseren Augen entsteht etwas vollständig Neues, das jede bisherige technische Revolution überragen wird.

12.1 Programmierbarer Roboterarm

Das Patent US 2,988,237, das am 13. Juni 1961 erteilt wurde, beschreibt den ersten programmierbaren Roboterarm. Zum ersten Mal wurde eine mechanische Vorrichtung frei programmierbar ausgebildet, die durch eine Software beliebige Bewegungsabläufe ausführen kann. Der Erfinder des programmierbaren Roboterarms ist George C. Devol, Jr. Devol wurde am 12. Februar 1912 geboren und ist am 11. August 2011 gestorben. Devol entwickelte mit diesem Patent den weltweit ersten Industrieroboter. Er wird als der „Vater der Robotik“ angesehen.[1]

[1] Wikipedia, https://de.wikipedia.org/wiki/George_Devol, abgerufen am 19.04.2026.

T. H. Meitinger, *50 wegweisende Hightech-Patente*,
https://doi.org/10.1007/978-3-662-73667-8_12

Der Hauptanspruch lautet: „Apparatus having automatic control means, including a mechanical output device and power operating means therefor, position representing means coupled to said mechanical output device for conjoint operation therewith, said position representing means including an assembly of separate sensing units each having its own individual output and combinational code means sensed by and relatively movable with respect to said sensing units through a series of positions corresponding to positions of said device, said combinational code means including a uniquely identifying combination of control portions of different kinds opposite the respective sensing units in each said position such that the combination of control portions at each said position is different from the combinations of control portions in all the others of said series of positions, a program-controller having a series of recorded combinational code position symbols duplicating selected combinations in said series of positions, said program-controller having as many position-symbol sensing elements for sensing said combinational code position symbols as there are sensing units in said position representing means, a series of individual coincidence detectors each having its respective direct signal coupling to a corresponding one of said sensing units and to a corresponding one of said sensing elements, said power operating means having control means responsive to said coincidence detectors jointly.“[2]

Der Anspruch beschreibt eine klassische numerische Steuerung, bei der ein Antrieb durch einen Soll-Ist-Vergleich gesteuert wird. Die Soll-Vorgaben werden insbesondere durch ein Programm vorgegeben.

In der Abb. 12.1 wird das Greifen, Bewegen und Ablegen von Objekten durch einen Roboterarm dargestellt.

Abb. 12.2 zeigt das „Teach-In-Verfahren“, bei dem der Roboterarm von Hand geführt wird und der Rechner sich die Bewegungen merkt und danach selbstständig ausführt.

[2] DPMA, https://depatisnet.dpma.de/DepatisNet/depatisnet?action=pdf&docid=US000002988237A&xxxfull=1, abgerufen am 31.03.2026.

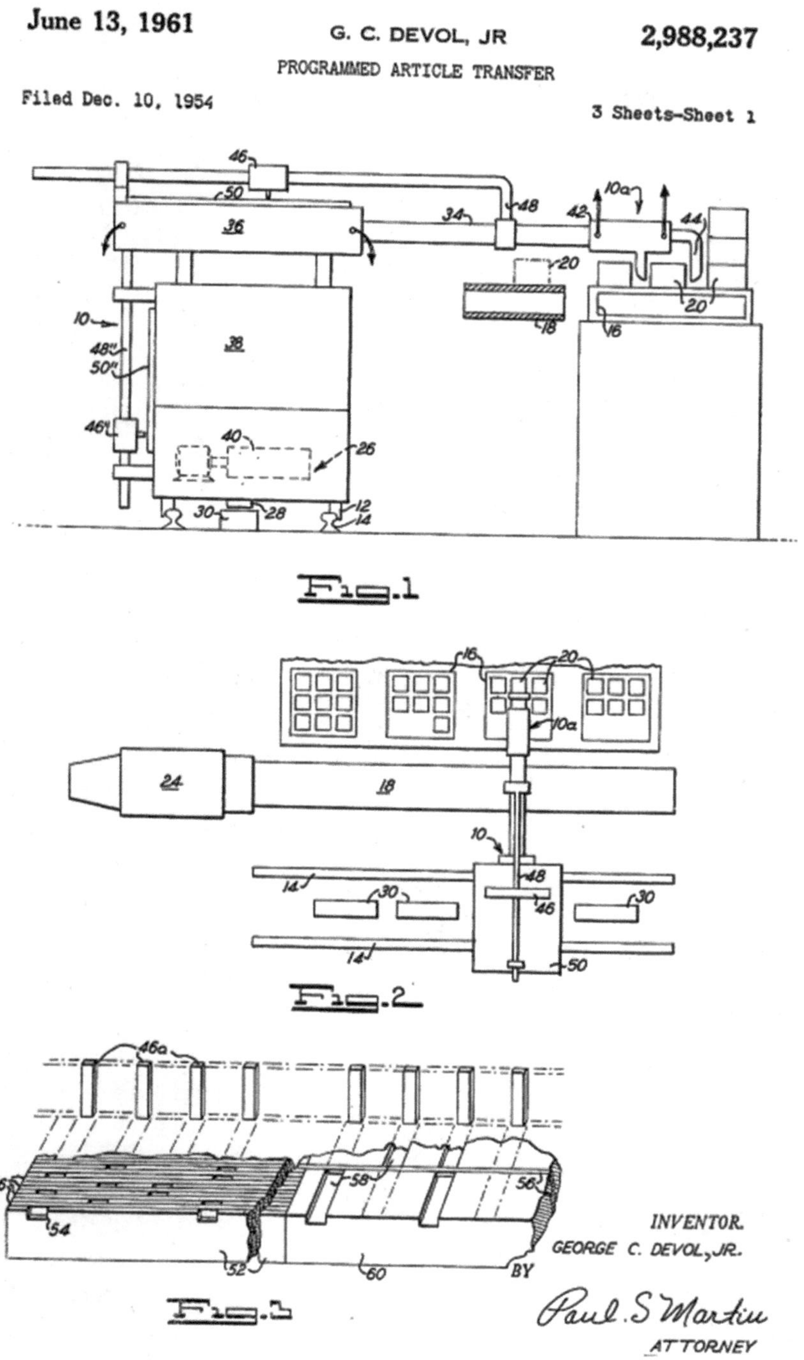

Abb. 12.1 Fig. 1, 2 und 3 der US2988237. (DPMA, https://depatisnet.dpma.de/DepatisNet/depatisnet?action=pdf&docid=US000002988237A&xxxfull=1, abgerufen am 31.03.2026)

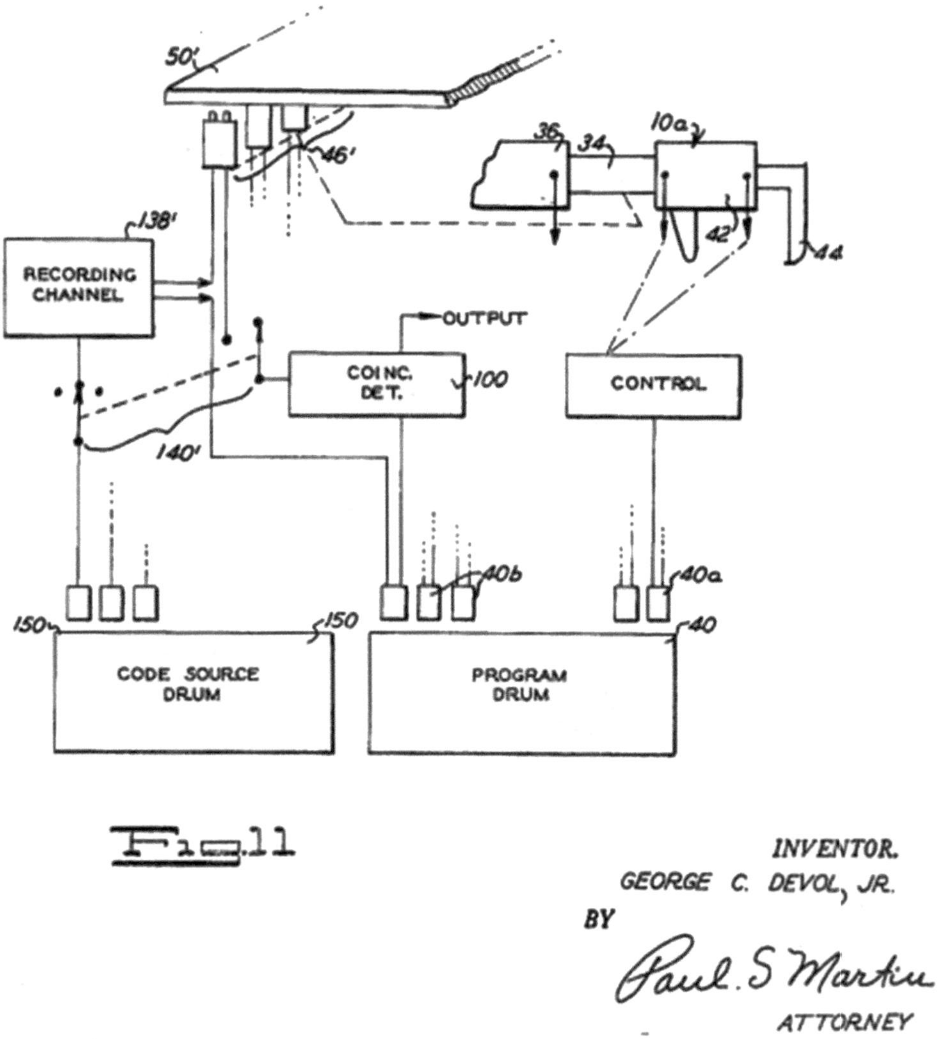

Abb. 12.2 Fig. 1, 2 und 3 der US2988237. (DPMA, https://depatisnet.dpma.de/DepatisNet/depatisnet?action=pdf&docid=US000002988237A&xxxfull=1, abgerufen am 31.03.2026)

12.2 Ultraschall-Sensorsystem

Das Patent US 4,638,445, das am 20. Januar 1987 erteilt wurde, beschreibt ein Sensorsystem für ein bewegliches Objekt, um Kollisionen zu vermeiden und autonomes Bewegen zu ermöglichen.

Abb. 12.3 zeigt einen mobilen Roboter mit Ultraschallsensoren 1 und 2, die die Umgebung scannen. Außerdem weist der Roboter eine Tastatur auf, mit der der Roboter programmiert wird. Es sind zwei angetriebene Räder 8 und 12 vorgesehen, sodass sich der Roboter um die eigene Achse drehen kann. Der Erfinder des Roboters ist Paul J. Mattaboni.

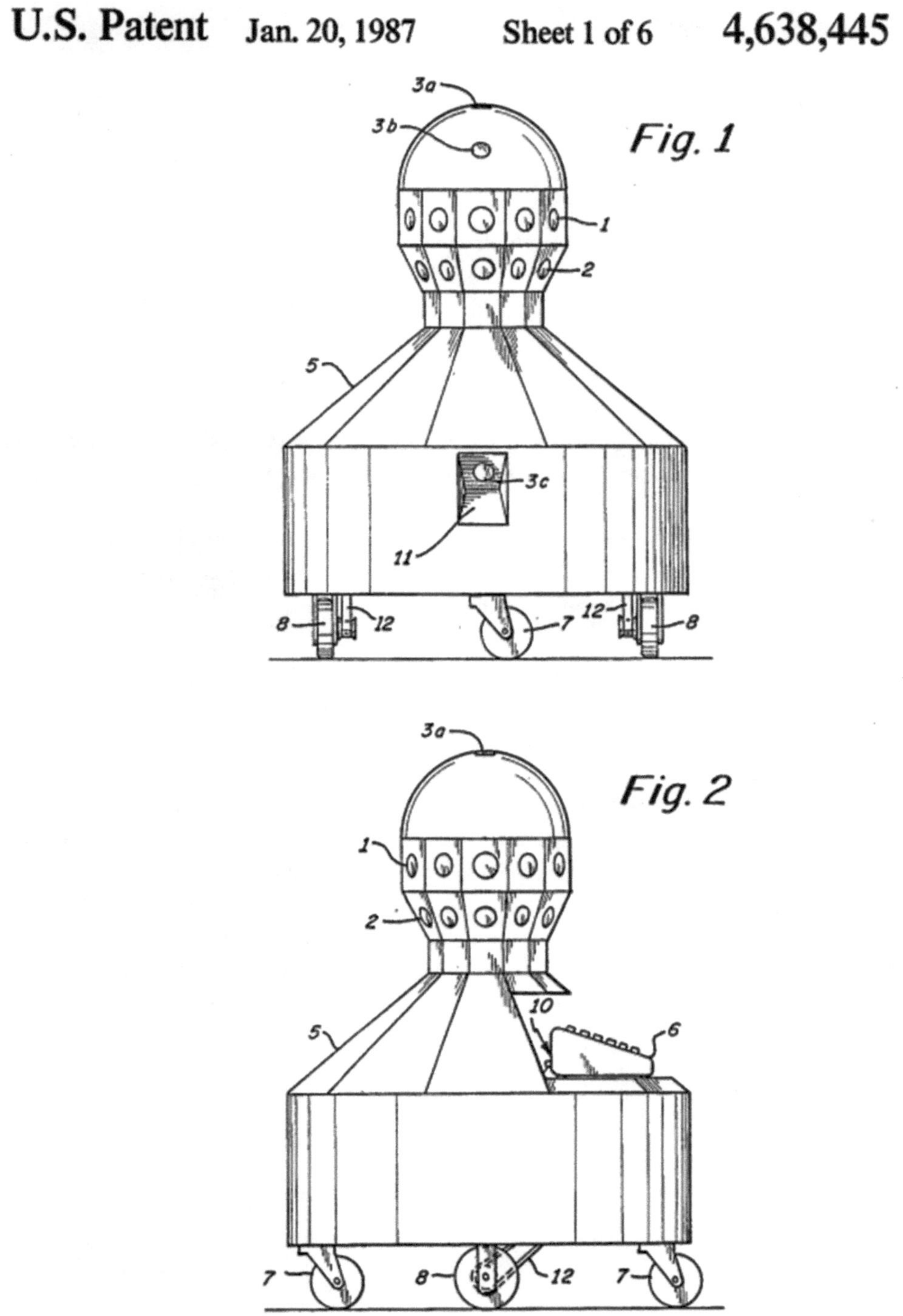

Abb. 12.3 Fig. 1 und 2 der US4638445. (DPMA, https://depatisnet.dpma.de/DepatisNet/depatisnet?action=pdf&docid=US000004638445A&xxxfull=1, abgerufen am 31.03.2026)

12.3 Zweibeiniger Roboter

Das Patent US 5,402,050, das am 28. März 1995 erteilt wurde, beschreibt ein Verfahren zur Wahrung des Gleichgewichts eines zweibeinigen Roboters. Hierbei wird nicht nur die aktuelle Situation berücksichtigt, sondern auch berechnet, ob eine stabile Situation bei einem geplanten Schritt des Roboters erlangt wird.

Der Hauptanspruch lautet: „A system for controlling locomotion of a legged mobile robot having a plurality of legs and which can ascend or descend stairs, comprising:

first means for determining a desired landing position at which a distal end of a robot leg is to be landed on a first step of the stairs relative to the edge of the first step;
second means for detecting an actual landing position at which the distal end of the leg landed on the first step of the stairs
third means for determining an error between the desired landing position and the actual landing position on the first step and for comparing the error with a predetermined value; and
fourth means for determining a corrected desired landing position at which another robot leg is to be landed on a second step of the stairs, in response to the error if the error is found to exceed the predetermined value."[3]

Der Anspruch beschreibt das Treppensteigen eines Roboters, wobei zunächst geplant wird, wo der Fuß aufgesetzt werden soll. Im nächsten Schritt wird festgestellt, ob der Fuß wie geplant aufgesetzt wurde. Stimmt die Ist-Situation mit der Soll-Situation nicht überein, erfolgt eine Fehleranalyse, um den nächsten Schritt besser zu planen.

Abb. 12.4 zeigt den zweibeinigen Roboter mit Gelenken und Motoren 10 bis 20, Tastsensoren, die feststellen wo der Fuß steht, und Sensoren 36 zur Messung der Kräfte, mit denen die Stabilität des Stands ermittelt wird. Außerdem weist der Roboter einen Neigungssensor 40 auf, der feststellt, ob sich der Roboter zu stark neigt und zu kippen droht. Alle Sensoren geben ihre Daten an eine Steuereinheit 26 zur Auswertung.

Abb. 12.5 zeigt den treppensteigenden Roboter. Der Erfinder des zweibeinigen Roboters ist Nobuaki Ozawa.

[3] DPMA, https://depatisnet.dpma.de/DepatisNet/depatisnet?action=pdf&docid=US000005402050A&xxxfull=1, abgerufen am 31.03.2026.

FIG. 1

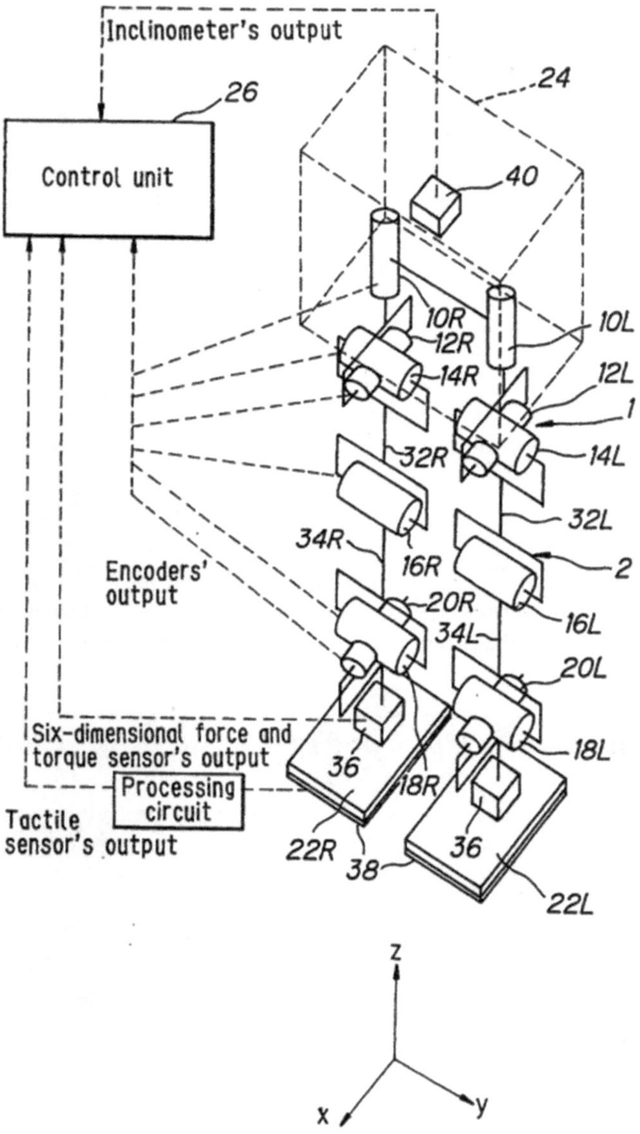

Abb. 12.4 Fig. 1 der US5402050. (DPMA, https://depatisnet.dpma.de/DepatisNet/depatisnet?action=pdf&docid=US000005402050A&xxxfull=1, abgerufen am 31.03.2026)

FIG. 13

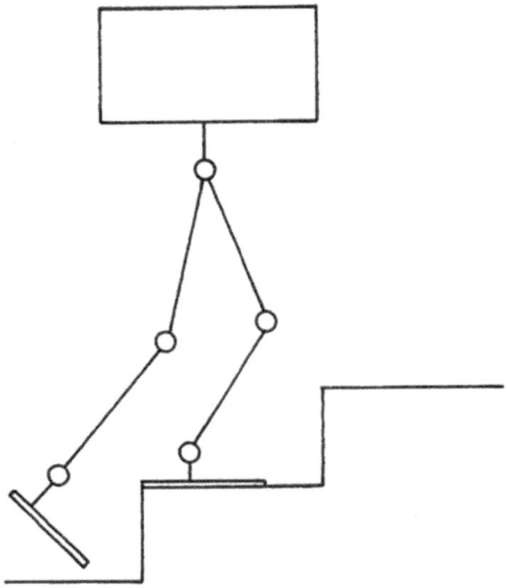

Abb. 12.5 Fig. 13 der US5402050. (DPMA, https://depatisnet.dpma.de/DepatisNet/depatisnet?action=pdf&docid=US000005402050A&xxxfull=1, abgerufen am 31.03.2026)

12.4 Federn zwischen Motor und Last

Das Patent US 5,650,704, das am 22. Juli 1997 erteilt wurde, beschreibt das Einfügen elastischer Elemente in die Roboterarme und -beine, um eine präzise Kraftsteuerung und gute Stoßdämpfung zu erreichen. Außerdem wirken damit die Bewegungen des Roboters menschenähnlicher und die Zusammenarbeit mit Menschen wird erleichtert, da eine Gefährdung ausgeschlossen werden kann. Die elastischen Elemente bilden die Funktion von Sehnen bei Menschen nach. Die Erfinder des Patents sind Gill A. Pratt und Matthew M. Williamson.

Der Hauptanspruch des Patents lautet: „An elastic actuator having gone control, the actuator comprising:

a motor;
a motor drive transmission connected at an output of the motor;
at least one elastic element connected in series with the motor drive transmission, the at least one elastic element positioned to fully support along either direction of an actuation axis, a load connected at at least one output of the actuator, as the load is actuated along either direction of the actuation axis,
a single force transducer positioned at a point between a mount for the motor and at least one output of the actuator, the force transducer generating a force signal indicating force applied by the elastic element to at least one output of the actuator; and

an active feedback force controller connected between the force transducer and the motor for controlling the motor, based on the force signal, to deflect the elastic element an amount that produces a desired actuator output force, the output force being substantially independent of load motion.“[4]

Der Anspruch beschreibt, dass ein Motor eine Feder bewegt und die Feder die Last bewegt. Die Verformung der Feder wirkt konstant gemessen, um die Kraft auf die Last zu ermitteln. Anhand der ermittelten ausgeübten Kraft wird der Motor angesteuert. Der Vorteil der Verwendung von Federn ist, dass eine präzise Kraftkontrolle möglich ist, außerdem wird der Motor und das Getriebe durch die Feder gegen mechanische Stöße geschützt.

Abb. 12.6 zeigt, dass zwischen dem Motor 12, dem Getriebe 14 eines Roboterarms oder –beins und einer Last ein elastisches Element 16 angeordnet ist.

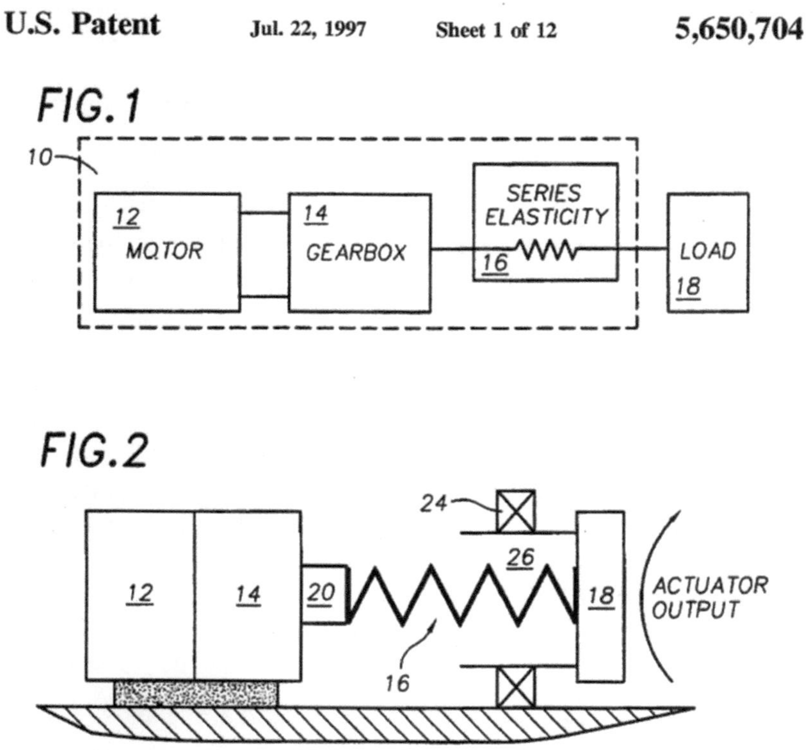

Abb. 12.6 Fig. 1 und 2 der US5650704. (DPMA, https://depatisnet.dpma.de/DepatisNet/depatisnet?action=pdf&docid=US000005650704A&xxxfull=1, abgerufen am 04.04.2026)

[4] DPMA, https://depatisnet.dpma.de/DepatisNet/depatisnet?action=pdf&docid=US000005650704A&xxxfull=1, abgerufen am 31.03.2026.

12.5 Hydraulische Antriebe

Ein hydraulischer Antrieb ist ein Aktor, der Flüssigkeiten, insbesondere Öl, nutzt, um Kraft zu entfalten. Mit hydraulischen Antrieben können enorme Kräfte erzeugt werden. Außerdem weisen hydraulische Antriebe eine kompakte Bauweise auf und sind sehr robust gegenüber mechanischen Erschütterungen. Das Patent US 8,126,592, das am 28. Februar 2012 erteilt wurde, stammt von den Erfindern Aaron Saunders und Marc Raibert. Marc Raibert wurde am 22. Dezember 1949 geboren und ist Chef von Boston Dynamics.[5] Boston Dynamics gilt als eines der Robotik-Unternehmen mit den fortschrittlichsten autonomen Laufrobotern. Seit 2013 gehört Boston Dynamics zu Alphabet Inc.[6]

Der Hauptanspruch des Patents lautet: „An actuator system for a linkage comprising:

a joint between two members;
at least first and second actuator assemblies connected between the members; and
a hydraulic circuit including:
- a sensor subsystem for sensing a magnitude of a load on the actuator assemblies and/or members;
- a fluid supply system including an actuatable control valve operable to supply fluid to one or both actuator assemblies, and
- a control circuit responsive to the sensor and configured to electronically control the fluid subsystem to supply fluid to the first actuator assembly when the sensor subsystem senses a load below a predetermined magnitude and to supply fluid to both actuator assemblies when the sensor subsystem senses a load above the predetermined magnitude.“[7]

Der Anspruch löst das Problem, dass Roboterbeine bzw. -arme für zwei gegensätzliche Nutzungen ausgelegt sein müssen. Zum einen sind schnelle Bewegungen mit geringer Last gefordert bzw. es ist das Tragen hoher Lasten notwendig. Im zweiten Fall genügen langsame Bewegungen. Dieses Problem der gegensätzlichen Anforderungsprofile wird durch eine Vielzahl von parallel angeordneten Aktoren gelöst, wobei bei schnellen Bewegungen mit geringer Last nur ein Aktor in Betrieb genommen wird. Ist eine hohe Last zu tragen, werden die parallel angeordneten Aktoren zugeschaltet.

Abb. 12.7 zeigt einen Roboterhund mit einer schweren Last, sodass bei dem Roboterhund alle parallelen Aktoren der Beine eingeschaltet sind. Bei diesem Beladungs-

[5] Wikipedia, https://de.wikipedia.org/wiki/Marc_Raibert, abgerufen am 19.04.2026.

[6] Wikipedia, https://de.wikipedia.org/wiki/Boston_Dynamics, abgerufen am 19.04.2026.

[7] DPMA, https://depatisnet.dpma.de/DepatisNet/depatisnet?action=pdf&docid=US000008126592B2&xxxfull=1, abgerufen am 31.03.2026.

U.S. Patent Feb. 28, 2012 Sheet 1 of 6 US 8,126,592 B2

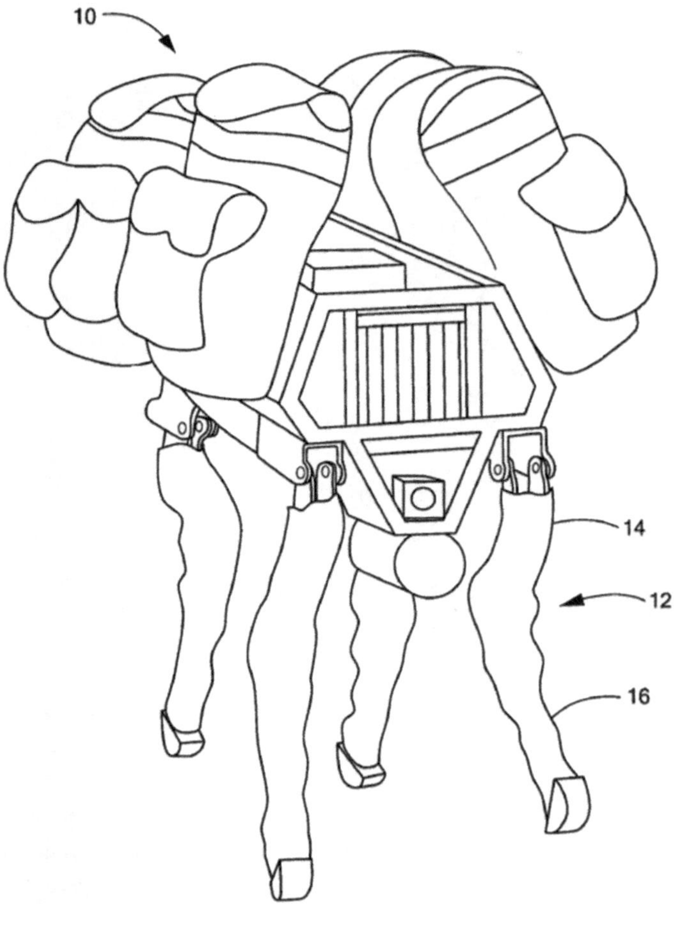

FIG. 1

Abb. 12.7 Fig. 1 der US8126592. (DPMA, https://depatisnet.dpma.de/DepatisNet/depatisnet?action=pdf&docid=US000008126592B2&xxxfull=1, abgerufen am 31.03.2026)

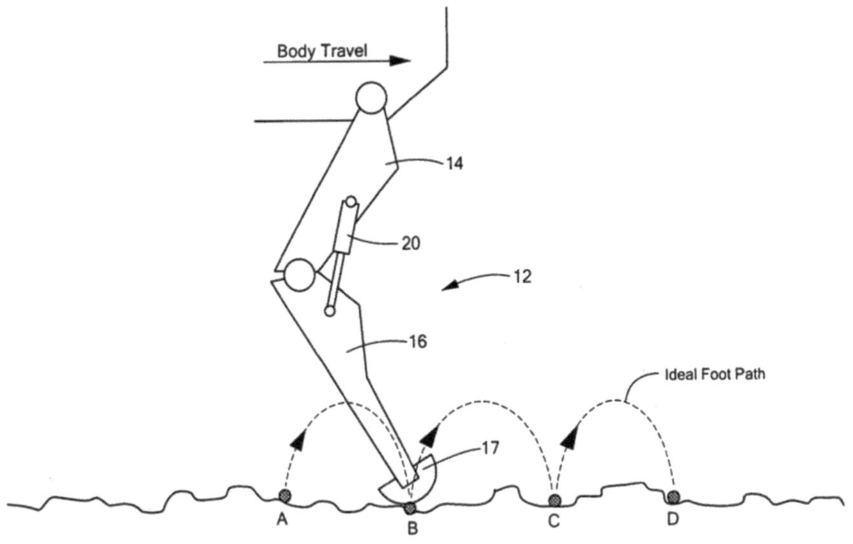

FIG. 2

Abb. 12.8 Fig. 2 der US8126592. (DPMA, https://depatisnet.dpma.de/DepatisNet/depatisnet?action=pdf&docid=US000008126592B2&xxxfull=1, abgerufen am 31.03.2026)

zustand werden keine schnellen Bewegungen, sondern das Tragen der schweren Last gefordert.

Abb. 12.8 zeigt einen hydraulischen Antrieb an einem Kniegelenk eines Roboters.

Abb. 12.9 zeigt parallel angeordnete Zylinder von hydraulischen Antrieben, wobei diese Zylinder einzeln, je nach Lastsituation, zugeschaltet werden. Ist nur eine leichte Last zu tragen, genügt ein einzelner Zylinder. Andernfalls werden alle parallelen Zylinder in Benutzung genommen.

U.S. Patent **Feb. 28, 2012** **Sheet 5 of 6** **US 8,126,592 B2**

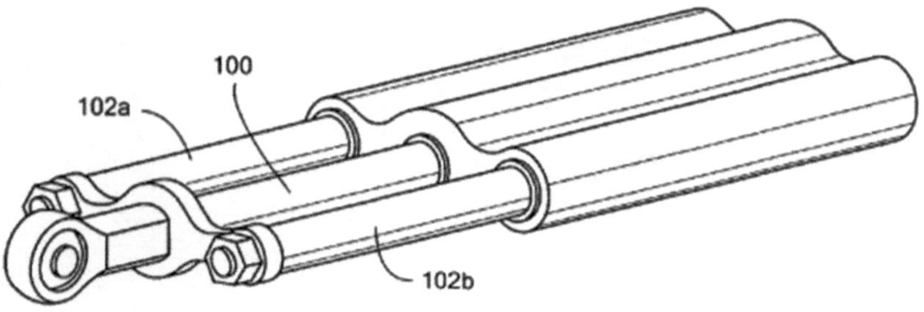

FIG. 5

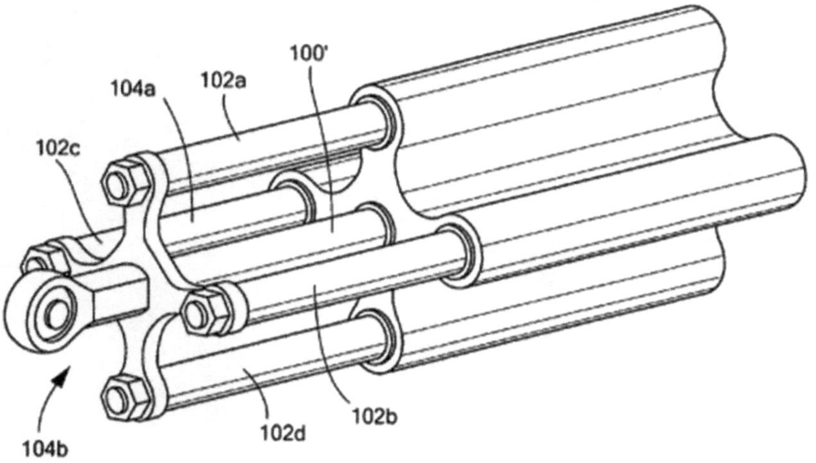

FIG. 6

Abb. 12.9 Fig. 5 und 6 der US8126592. (DPMA, https://depatisnet.dpma.de/DepatisNet/depatisnet?action=pdf&docid=US000008126592B2&xxxfull=1, abgerufen am 31.03.2026)

12.6 Humanoider Roboter

Das Patent US 8,511,964, das am 20. August 2013 erteilt wurde, beschreibt einen ersten humanoiden Roboter.[8] Ein Erfinder des Patents ist Robert O. Ambrose, der maßgeblich an der Entwicklung des humanoiden Roboters Robonaut (Robotic Astronaut) beteiligt war, der für den Einsatz im Weltraum vorgesehen ist.[9]

Abb. 12.10 zeigt den Oberkörper eines humanoiden Roboters, der dem Körperbau des Menschen nachempfunden ist. Hierdurch wird es dem Roboter ermöglicht, dieselben Werkzeuge in derselben Ausgestaltung und Größe zu verwenden.

Abb. 12.11 zeigt die Roboterhand und den Unterarm mit dem Handgelenk und den Fingern.

[8] DPMA, https://depatisnet.dpma.de/DepatisNet/depatisnet?action=pdf&docid=US000008511964B2&xxxfull=1, abgerufen am 31.03.2026.

[9] Wikipedia, https://de.wikipedia.org/wiki/Robonaut, abgerufen am 19.04.2026.

U.S. Patent **Aug. 20, 2013** **Sheet 1 of 4** **US 8,511,964 B2**

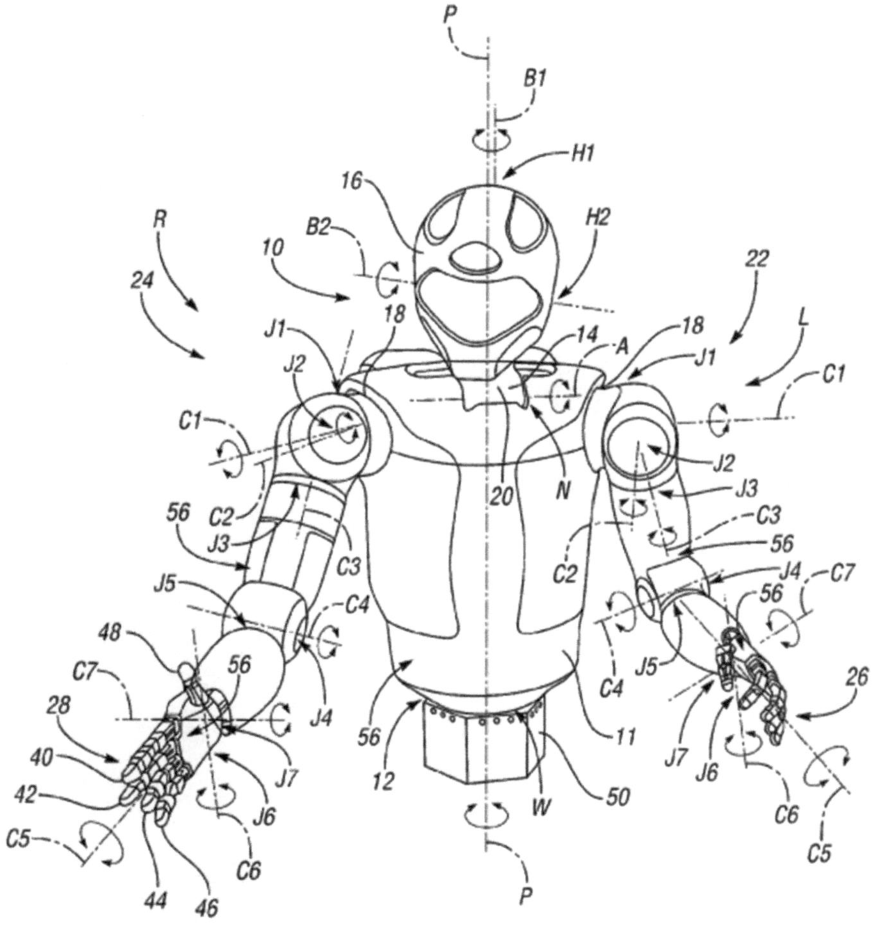

FIG. 1

Abb. 12.10 Fig. 1 der US8511964. (DPMA, https://depatisnet.dpma.de/DepatisNet/depatisnet?action=pdf&docid=US000008511964B2&xxxfull=1, abgerufen am 31.03.2026)

U.S. Patent Aug. 20, 2013 Sheet 3 of 4 US 8,511,964 B2

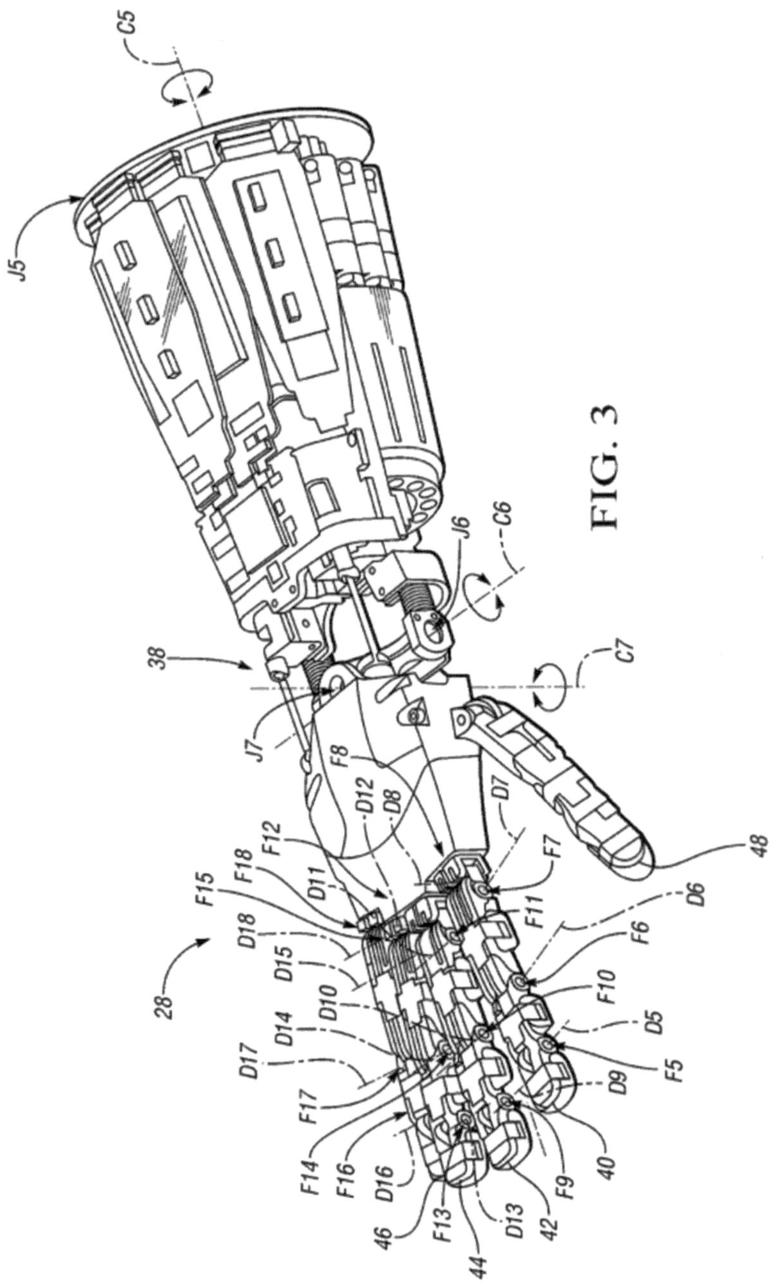

Abb. 12.11 Fig. 3 der US8511964. (DPMA, https://depatisnet.dpma.de/DepatisNet/depatisnet?action=pdf&docid=US000008511964B2&xxxfull=1, abgerufen am 31.03.2026)

Stichwortverzeichnis

T. H. Meitinger, *50 wegweisende Hightech-Patente*,
https://doi.org/10.1007/978-3-662-73667-8

O

P

Q

R

S

FSC
www.fsc.org
MIX
Papier | Fördert
gute Waldnutzung
FSC® C083411

Kolibri 360 GmbH
Ferdinand-Jühlke-Straße 7
99095 Erfurt, Deutschland
produktsicherheit@kolibri360.de